湿地中国科普丛书
POPULAR SCIENCE SERIES OF WETLANDS IN CHINA

中国生态学学会科普工作委员会　组织编写

神州明珠
湖泊湿地

Pearl of China
— Lake Wetlands

简敏菲　主编

中国林业出版社

图书在版编目（CIP）数据

神州明珠——湖泊湿地 / 中国生态学学会科普工作委员会组织编写 ; 简敏菲主编. -- 北京 : 中国林业出版社, 2022.10

（湿地中国科普丛书）

ISBN 978-7-5219-1904-2

Ⅰ．①神… Ⅱ．①中… ②简… Ⅲ．①湖泊—沼泽化地—中国—普及读物 Ⅳ．①P942.078-49

中国版本图书馆CIP数据核字(2022)第185510号

出 版 人：成 吉
总 策 划：成 吉　王佳会
策 　 划：杨长峰　肖 静
责任编辑：张衍辉　袁丽莉　肖 　静
宣传营销：张 东　王思明　李思尧

出版	中国林业出版社（100009　北京市西城区刘海胡同7号）
	http://www.forestry.gov.cn/lycb.html　　电话：（010）83143577
印刷	北京雅昌艺术印刷有限公司
版次	2022年10月第1版
印次	2022年10月第1次
开本	710mm×1000mm　1/16
印张	12.75
字数	150千字
定价	60.00元

湿地是重要的自然资源，更具有重要生态系统服务功能，被誉为"地球之肾"和"天然物种基因库"。其生态系统服务功能至少包括这样几个方面：涵养水源调节径流、降解污染净化水质、保护生物多样性、提供生态物质产品、传承湿地生态文化。同时，湿地土壤和泥炭还是陆地上重要的有机碳库，在稳定全球气候变化中具有重要意义。因此，健康的湿地生态系统，是国家生态安全体系的重要组成部分，也是实现经济与社会可持续发展的重要基础。

我国地域辽阔、地貌复杂、气候多样，为各种生态系统的形成和发展创造了有利的条件。2021年8月自然资源部公布的第三次全国国土调查主要数据成果显示，我国各类湿地（包括湿地地类、水田、盐田、水域）总面积8606.07万公顷。按照《关于特别是作为水禽栖息地的国际重要湿地公约》（简称《湿地公约》）对湿地类型的划分，31类天然湿地和9类人工湿地在我国均有分布。

我国政府高度重视湿地的保护与合理利用。自1992年加入《湿地公约》以来，我国一直将湿地保护与合理利用作为可持续发展总目标下的优先行动之一，与其他缔约国共同推动了湿地保护。仅在"十三五"期间，我国就累计安排中央投资98.7亿元，实施湿地生态效益补偿补助、退耕还湿、湿地保护与恢复补助项目2000余个，修复退化湿地面积700多万亩[①]，新增湿地面积300多万亩，2021年又新增和修复湿地109万亩。截至目前，我国有64处湿地被列入《国际重要湿地名录》，先后发布国家重要湿地29处、省级重要湿地1001处，建立了湿地自然保护区602处、湿地公园1600余处，还有13座城市获得"国际湿地城市"称号。重要湿地和湿地公园已成为人民群众共享的绿色空间，重要湿地保护和湿地公园建设已成为"绿水青山就是金

----

① 1亩=1/15公顷。以下同。

山银山"理念的生动实践。2022年6月1日起正式实施的《中华人民共和国湿地保护法》意味着我国湿地保护工作全面进入法治化轨道。

要落实好习近平总书记关于"湿地开发要以生态保护为主,原生态是旅游的资本,发展旅游不能以牺牲环境为代价,要让湿地公园成为人民群众共享的绿意空间"的指示精神,需要全社会的共同努力,加强湿地科普宣传无疑是其中一项重要工作。

非常高兴地看到,在《湿地公约》第十四届缔约方大会(COP14)召开之际,中国林业出版社策划、中国生态学学会科普工作委员会组织编写了"湿地中国科普丛书"。这套丛书内容丰富,既包括沼泽、滨海、湖泊、河流等各类天然湿地,也包括城市与农业等人工湿地;既有湿地植物和湿地鸟类这些人们较为关注的湿地生物,也有湿地自然教育这种充分发挥湿地社会功能的内容;既以科学原理和科学事实为基础保障科学性,又重视图文并茂与典型案例增强可读性。

相信本套丛书的出版,可以让更多人了解、关注我们身边的湿地,爱上我们身边的湿地,并因爱而行动,共同参与到湿地生态保护的行动中,实现人与自然的和谐共生。

中国工程院院士
中国生态学学会原理事长
2022年10月14日

　　湖泊，似一颗颗镶嵌在地球上的璀璨明珠，也似一颗颗镶嵌在大地之上的蓝宝石，又仿若一块块无瑕的翡翠光彩夺目，更像是一面面神奇的天空之镜反射出美丽的蓝天、白云、星际……湖泊，不仅因其静谧、安宁、美丽、神奇的气质，更因其蕴含着丰富的生物群落资源而令人向往。这些生物群落与湖泊水体维持着稳定的生物循环和能量流动，共同构成了恬静秀丽的湖泊生态系统，在人与自然和谐共生的生命共同体中发挥着极其重要的作用。

　　湖泊湿地与沼泽、河流和滨海等湿地共同构成了天然湿地，保护着地球上的生物多样性，调节径流、改善水质、调节小气候，并为人类提供食物、工业原料和旅游资源等。湖泊作为重要的水资源库、洪水调蓄库和物种基因库，与人类的生产、生活和社会发展等方面息息相关，在维系流域生态平衡、满足生产生活用水、减轻洪涝灾害和提供丰富水产品等方面发挥着不可替代的作用。

　　《神州明珠——湖泊湿地》一书的编写者们分别来自江西师范大学、南昌大学、云南大学、内蒙古农业大学、内蒙古师范大学、江西省科学院、杭州市西湖水域管理处等高校或科研院所的教学科研一线，他们结合各自的研究领域，从中国的五大湖区切入，系统介绍了湖泊的主要成因，中国湖泊的称谓、分类、分布，以及众多具有独特性与趣味性的中国湖泊。

　　纵观中国的湖泊，它们的分布很不均匀，大约有99.98%的面积大于10平方千米的湖泊分布在东部平原、青藏高原、东北平原与山地、蒙新地区和云贵高原，这就是中国的五大湖区。在五大湖区中，又以东部平原和青藏高原的湖泊最多，占据了全国湖泊面积的81.6%，形成了中国东西相对的两大稠密湖群。

我国有许多神秘莫测、充满趣味的湖泊群，如东北火山湖泊群、内蒙古高原盐湖群、新疆干旱区湖泊群、雪域高原湖泊群、云贵高原湖泊群；还有举世闻名的鄱阳湖、青海湖、洞庭湖、太湖、千岛湖、呼伦湖、乌梁素海、博斯腾湖、赛里木湖、喀纳斯湖、纳木错、察尔汗盐湖、茶卡盐湖、滇池、洱海、抚仙湖、泸沽湖、九寨沟等湖泊。它们都被一一呈现在书中。

这些镶嵌在神州大地上的一颗颗璀璨明珠，是大自然赐给人类宝贵的财富，但由于近半个多世纪人类对湖泊的不合理利用，使明珠蒙尘，从而给人类的生存与发展造成严重危害。未来，随着中国生态文明的建设与发展不断深入，人们保护环境的意识不断增强，让明珠重放光彩的呼声正日益高涨。中国湖泊未来建设与发展的目标是将湖泊建设成为健康湖泊、美丽湖泊、纯净湖泊、和谐湖泊，形成人与自然和谐共生新格局，实现湖泊功能的可持续利用。

本书将通俗易懂的文字和美丽的画面相结合，兼具科学性与趣味性，既可以激发广大科普爱好者对自然科学的阅读兴趣和求知欲望，又宣传了我国湖泊湿地保护的成效。

编者们力求该书能够融科学性、知识性、科普性和趣味性为一体，但因水平有限，疏漏和不足之处在所难免，竭诚希望读者朋友们批评指正。

本书编辑委员会

2022 年 5 月

目录

（吴兆录/摄）

在人类生存的地球上，镶嵌着许许多多晶莹剔透的蓝宝石，这些宝石星罗棋布，五光十色，是人类的生命之源。它们就是湖泊。

湖泊的科学定义是指由湖盆、湖水和水中所含物质（矿物质、溶解质、有机质以及水生生物等）所组成的自然综合体，并参与自然界的物质和能量循环。

湖泊湿地又称湖泊型湿地，位于湖泊、库塘等封闭的水域内，暂时或长期覆盖水深不超过2米的低地。按照《关于特别是作为水禽栖息地的国际重要湿地公约》（简称《湿地公约》），湖泊湿地还包括湖泊水体本身。

在人类历史的长河中，湖泊同人类发生着千丝万缕的联系。人类从对湖泊资源的简单利用到建立湖泊科学体系经历了长达4000余年的漫长历史。人类对湖泊的认识，从对湖泊的称谓和对湖泊的分类开始。

邂逅湖泊湿地

神州明珠——湖泊湿地

湖泊的称谓与 分类

形形色色的湖泊称谓

在中国，不同地区和不同民族对湖泊的称谓不尽相同，多达几十种，主要有湖、泊、池、荡、淀、漾、汇、泡、海、错（措）、诺尔、茶卡、淖尔、洼、潭、海子、库勒、塘、浣等。湖泊的这些称谓是中华民族灿烂文化内涵的反映，是不同民族与语言的特色体现，有着明显的地域分布特征。汉族称湖泊为湖；藏族称之为错（措）或茶卡；蒙古族称之为淖尔或诺尔；满族称之为泡子；白族称之为海。汉族又因地区和地方语言不同，"湖"一词在不同地区和不同方言中，又有多种称谓。例如，江苏人、浙江人和上海人称之为荡、汇或漾；山东人称之为泊；河北人称之为淀；四川人称之为海子。平平常常的一个名字，却包含了丰富多彩的民族文化内涵。

青藏高原地区分布的湖泊大多是咸水湖，其名字大多为"错"或"措"，如纳木错、色林错、班公措、当惹雍措、扎日南木错、昂拉仁错、玛旁雍措等，都是以"错"或"措"字结尾的湖泊，其中，纳木错和色林错分别是我国第七大和第八大湖泊。"纳木错"是藏语，意为"天湖"，所以湖泊以"错"字命名是源自当地的藏语。

在蒙古语当中，湖泊通常以"淖尔"或"诺尔"为后缀，比如，查干淖尔、察汗淖尔、安固里淖、达里诺尔等湖泊均以此命名。

在东部季风区，有些地区把水较浅的湖泊称为"淀"或者"荡"，比如，位于华北平原的白洋淀，就是一个浅水湖泊群，白洋淀湖泊群总共由143个湖泊组成，平均水深仅为3.6米。类似的湖泊还有烧车淀、马棚淀、羊角淀和池鱼淀等。

看到"荡"这个字，我们很容易想到浅浅的芦苇荡，也被称为湖荡，一般规模较小，在我国南北方都有分布，比如，大龙荡、火泽荡和湘家荡等。

在东北地区，一些规模较小的湖泊，当地人称为"泡子"，这类湖泊一般水面较为平静，水体流动性较差，没有出水口或者出水口十分隐蔽。比如，吉林省西北部就分布有女字泡、水字泡、效字泡、张家泡、得字泡、三王泡、情字泡等湖泊。

有些湖泊还会以"池"字命名，"池"意味着水池、水塘，比如黑龙江省的五大连池、长白山的天池、新疆天山的天池、云南的滇池等。

还有些地方把湖泊称为"海"，以"海"字命名为湖泊，是不是意味着湖泊面积特别大呢？其实也不然，有可能是以湖泊喻海，比如，北京的北海、中南海、什刹海等湖泊。当然也有面积比较大的湖泊以"海"命名，比如，位于贵州的草海，面积大约为46.5平方千米，是一个熔岩湖，而位于我国云南的洱海，面积更大，总面积大约为251平方千米，有几分海的气魄了。

别具特色的湖泊分类

地球表面上的湖泊众多，它们的成因各不相同，湖水的排泄情况与水质等也不尽相同。若要对湖泊进行分类，标准也多种多样。

依据湖泊的形成原因，可以将湖泊分为：火山口湖、冰川湖、风成湖、构造湖、海成湖（潟湖）、堰塞湖、岩溶湖、河成湖、多成因湖泊、人工湖（水库）等。

中国湖泊按形成原因分为：河成湖（如湖北境内长江沿岸的湖泊）、海成湖（即潟湖，如西湖）、岩溶湖（如云贵高原区石灰岩溶蚀所形成的湖泊）、冰蚀湖（如青藏高原区的一些湖泊）、构造湖（如青海湖、鄱阳湖、洞庭湖、滇池等）、火山口湖（如长白山天池）、堰塞湖（如镜泊湖）等。

依据湖水的排泄情况，可以将湖泊分为：外流湖（吞吐湖）和内陆湖。外流区域的湖泊都与外流河相通，湖水能流进也能排出，盐分含量少，称为淡水湖，也称排水湖。中国著名的淡水湖有鄱阳湖、洞庭湖、太湖、洪泽湖、巢湖、高邮湖等。内流区域的湖泊大多为内流河的归宿，地处大陆内部，湖水只能流进，不能流出，不与海洋相通，只接纳河水和冰雪融水、泉水等的湖泊，此类湖又因蒸发旺盛，盐分较多而形成咸水湖，也称非排水湖，如中国最大的湖泊青海湖以及海拔较高的纳木错等。

湖水含盐量是衡量湖泊类型的重要标志，通常把含盐量或矿化度达到或超过50克/升的湖水称为卤水或者盐水，也叫矿化水。卤水的含盐量已经接近或达到饱和状态，甚至出现了自析盐类矿物的结晶或者直接形成了盐类矿物的沉积。所以，把湖水含盐量50克/升作为划分盐湖或卤水湖的下限标准。依据湖水含盐量或矿化度的多少，可以将湖泊划分为：淡水湖、微（半）咸水湖、咸水湖、盐湖或卤水湖、干盐湖、沙下湖六种类型，各种类型湖泊的划分原则（表1）。

表1　各种类型湖泊的划分原则

类型	分类原则
淡水湖	湖水矿化度小于或等于1克/升
微（半）咸水湖	湖水矿化度大于1克/升，小于24克/升
咸水湖	湖水矿化度大于或等于24克/升，小于50克/升
盐湖或卤水湖	湖水矿化度等于或大于50克/升
干盐湖	没有湖表卤水而有湖表盐类沉积的湖泊，湖表往往形成坚硬的盐壳
沙下湖	湖表面被沙或黏土粉沙覆盖的盐湖

依据湖泊的热状况，可以将湖泊分为：热带湖、温带湖和寒带湖。

依据湖水中所含营养物质的多寡，可以将湖泊分为：富营养湖、中营养湖和贫营养湖。

除此之外，还可以按其他标准划分各类湖泊，如按照干涸源变化，分为消涨湖、游移湖等。

（执笔人：简敏菲）

邂逅湖泊湿地

　　中国地大物博、幅员辽阔，镶嵌着24880多颗亮丽璀璨的湖泊"明珠"。它们类型多样，地带性鲜明，面积大小不一，现有面积大于1平方千米的天然湖泊2693个，总面积达81493平方千米，其中，特大型湖泊（≥1000平方千米）10个，总面积合计22711.77平方千米；大型湖泊（500～1000平方千米）17个，总面积合计11807.64平方千米；中型湖泊（100～500平方千米）109个，总面积合计22989.40平方千米；小型湖泊（10～100平方千米）557个，总面积合计17541.11平方千米；小型湖泊（1～10平方千米）2000多个，总面积合计6364.42平方千米。

　　中国的湖泊形态各异，或狭长，或曲折，或近圆，或棱角突兀，变化万千，遍及全国，从高山到平原，从内陆到沿海，皆有分布。大家听说过美国的五大湖，可是你知道我们中国的五大湖区吗？祖国众多的湖泊都在哪里安家呢？

　　根据自然环境的差异、湖泊资源开发利用和湖泊环境整治的区域特色，中国湖泊被划分为五大区，即东部平原湖区、东北平原与山地湖区、蒙新高原湖区、青藏高原湖区、云贵高原湖区。中国湖泊的分布很不均匀，大约有99.98%的湖泊面积大于10平方千米的湖泊分布在五大湖区。在五大湖区中又以青藏高原和东部平原的湖泊为最多，它们占全国湖泊总面积的81.6%，形成中国东西相对的两大稠密湖群。我们一起来看一看中国五大湖区的湖泊面积与储水量分布状况（表2）。

表2　中国湖泊面积与储水量的地区分布

湖区	湖泊总面积与比重		湖水储量（1×10^8立方米）	其中淡水储量（1×10^8立方米）
	面积（平方千米）	比重（%）		
青藏高原	36899	45.2	5182	1035.0
东部平原	22900	28.1	711	711.0
蒙新高原	16400	20.1	697	23.5
东北平原与山地	3722	4.6	190	188.5
云贵高原	1200	1.5	288	288.0
其他	372	0.5	20	15.0
合计	81493	100.0	7088	2261.0

另外，根据内流区与外流区划分，中国湖泊外流区域与内流区域的界线大致是：大兴安岭西麓—内蒙古高原南缘—阴山山脉—贺兰山—祁连山—日月山—巴颜喀拉山—念青唐古拉山—冈底斯山。此线以东，除松嫩平原、鄂尔多斯高原，以及雅鲁藏布江南侧羊卓雍措、空母错等地区有面积不大的内陆流域区外，全都属于外流区；此线以西，除额尔齐斯河流入北冰洋外，基本上属于内流区。

邂逅湖泊湿地

鄱湖唱晚（简敏菲／摄）

　　外流区的湖泊，降水充沛，水系发达，矿化度低，以淡水吞吐型湖泊为主；内流区的湖泊，气候干旱，水系不发育，补给水量小，丰枯季变化明显，矿化度高，以咸水湖和盐湖为主。

（执笔人：简敏菲、胡蓓娟）

　　文化，是凝结在物质之中又游离于物质之外的，能够被传承和传播的国家或民族的思维方式、价值观念、生活方式、行为规范、艺术文化、科学技术等。

　　何谓湖泊文化？湖泊文化是人们在与湖泊相处的过程中对湖泊产生的情感以及这些情感凝结在湖泊之上的烙印。

　　要读懂中国的湖泊文化，一定要读懂杭州西湖——《世界遗产名录》中的第一个"文化名湖"。

　　西湖是自然美与人文美完美结合的典范。它是一个自然湖，更是一个人文湖，是人与自然长期良性互动的产物。它的自然美折射出中国传统哲学、美学、人文、建筑等诸多文化理念，而它的人文美则渗透了许多自然的、物候的意象。通俗地说，西湖的独特性，就是与世界上以自然景观著称的湖泊相比，其人文景观是最多的；与世界上以人文景观著称的湖泊相比，其自然景观是最美的。

　　杭州之有西湖，如人之有眉目。西湖景观之美，且看古人是怎么描写的："接天莲叶无穷碧，映日荷花别样红""水光潋滟晴方好，山色空蒙雨亦奇""荫浓烟柳藏莺语，香散风花逐马蹄"湖上画船归欲尽，孤峰犹带夕阳红"最爱湖东行不足，绿杨阴里白沙堤"……这些都是纯粹描写西湖景观之美的，但还有更多关于西湖的诗句，如"如簧巧啭最高枝，苑树青归万缕丝"桃花落尽杏花嫣，碧港红沉水底天"长堤万古传名姓，肯让夷光擅此湖"绿盖红妆锦绣乡，虚亭面面纳湖光"白苹红蓼西风裹，一色湖光万顷秋"独有断桥荒藓路，尚余残雪酿春寒"修到南屏数晚钟，目成朝暮一雷峰"湖上画船归欲尽，孤峰犹带夕阳红"塔边分占宿湖船，宝鉴开奁水接天"浮图对立晓崔嵬，积翠浮空霁霭迷"，这些诗句描写的是家喻户晓的西湖十景，即柳浪闻莺、花港观鱼、苏堤春晓、曲院风荷、平湖秋月、断桥残雪、南屏晚钟、雷峰夕照、三潭印月、双峰插云。西湖十景之所以成为西湖的标识，除美学上的价值外，还在于这些景名将抽象的西湖文化具体化，以强烈的文化特色来强化人们对西湖文化的记忆。西湖十景在南宋中期的《方舆胜览》中已有记载，至清朝康熙皇帝南巡至杭州，又逐一品题西湖十景，当地官吏将康熙皇帝御笔所书刻石立碑，建亭恭护，西湖十景石碑由此成为景点标志。此后，乾隆皇帝南巡杭州时，又就十景各赋诗一首，镌刻于石碑阴面。西湖十景每一景的背后都有着众多的歌谣、传说、典故，是杭州西湖千百年来政治、经济、文化、生活的缩影。西湖十景景名秀雅、柔媚、温润、幽玄、舒缓，独具"花轻如梦""细雨如愁"的江南文化特质。这也体现出了地域文化对景观题名潜移默化的影响。西湖景观还以其自身的历史沿革——从南宋西湖十景、元代钱塘十景到清代雍正十八景、清代乾隆二十四景等，见证了东方文化体系中所特有的"点景题名"

景观设计文化传统。

世界上没有哪个湖泊能有西湖这样的文化底蕴。"西湖景观"在上千年的持续演变过程中，由于政治、历史、区位，更因其特有的景观吸引力和文化魅力，融汇和吸附了大量的中国儒、释、道主流文化的各类史迹，现存文化史迹有上百处，如：净慈寺、灵隐寺、飞来峰造像、保俶塔、六和塔、雷峰塔遗址、抱朴道院、岳飞墓（庙）、文澜阁、钱塘门遗址、清行宫遗址、舞鹤赋刻石及林逋墓、西泠印社、龙井等。它们分布于湖畔周围与群山之中，承载了特别深厚和丰富多样的文化与传统。

"西湖风景六条桥，一株杨柳一株桃。"就算是西湖边的植物，也是有悠久历史和突出文化象征的。当你来到西湖会发现，苏堤、白堤、柳浪闻莺公园沿湖"一株杨柳一株桃"的格局，而这种沿西湖堤、岸间种桃、柳的特色景观是始于宋代（11～13世纪）并传衍至今的。春桃、夏荷、秋桂、冬梅"四季花卉"更是与西湖十景四季观赏特征相应的特色植物。

"长桥不长，断桥不断"，而西湖边的长桥、断桥恰恰是中国最著名的四大古典爱情传说中《梁山伯与祝英台》和《白蛇传》的故事发生地。相传，白娘子与许仙相识在断桥，同舟归城，借伞定情；梁山伯与祝英台在长桥上送别，依依不舍，你送过来，我送过去，来回送了十八次。与此同时，西湖还与《马可·波罗游记》以及中国文学艺术史上的若干传世作品直接关联，是中国历史最久、影响最大的"文化名湖"，曾对9～18世纪东亚地区的文化产生了广泛影响。

西湖山水是自然生成的，但是一个面积不大的潟湖能

杭州西湖（上图为雷峰塔，下图为三潭印月御碑亭）（肖昆仑/摄）

维系2000多年至今不被湮塞，完全是人类活动的结果。著名历史地理学家陈桥驿先生说："隋唐以后的西湖，就是一个人工湖。"经过一代又一代的中国人根据他们的审美理想进行的创造性劳动和中国文化的长期浸润，其文化属性已经超越了其自然属性。所以，西湖实际上已经作为一种文化形态存在了，我们称之为"西湖文化"，她是中国湖泊文化的传奇代表。

（执笔人：肖昆仑）

邂逅湖泊湿地

（陈守政/摄）

　　数量如此之多、形态差异如此之大的湖泊到底由何而来？它们又创造了多少奇迹，多少美？回答这些问题之前，我们要知道湖泊是在一定的地质、地理背景下形成的，通常情况下具有一定的事件性。从其形成到成熟直至消亡的演化过程中，地质、物理、化学、生物作用相互影响与依存，使湖泊表现出明显的区域特色。

　　无论湖泊的成因属于何种类型，湖泊形成都必须具备两个最基本的条件：一是能集水的洼地即湖盆，二是能提供足够的水量使盆地积水。由于湖盆是湖水赖以存在的前提，而湖盆形态特征不仅直接或间接地反映其形成和演变阶段，并且在较大程度上又制约着湖水的理化性质和水生生物群落。因此，通常以湖盆的成因作为湖泊成因分类的重要依据，分为火山口湖、冰川湖、风成湖、构造湖、海成湖（潟湖）、堰塞湖、岩溶湖、河成湖、多成因湖泊、人工湖（水库）。

千姿百态的湖泊成因

神州明珠——湖泊湿地

火山口湖

　　首先出场的是热到爆炸的"火"的力量。地表以下，火热的岩浆剧烈运动，一旦发现上覆岩石的脆弱点就喷涌而出，岩浆以及被炸出的围岩碎屑在地表堆积形成火山锥。喷火口休眠后，岩浆柱冷却收缩，火山锥顶部凹陷形成碗状漏斗，承接大气降水成湖，则为火山口湖。它们形如被托举到天上的火炬，故常常以"天池"为名。东北地区是中国火山口湖聚集区，大兴安岭阿尔山一带的阿尔山天池、月亮湖天池都是典型代表。从空中俯瞰，它们如蓝宝石一般镶嵌在丛林中，无比动人。

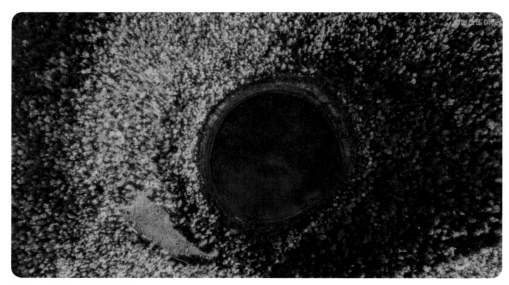

月亮湖天池（钟永君/摄）

中国火山口湖分布范围很广，除长白山区火山口湖外，大兴安岭东麓鄂温克旗哈尔新火山群的奥内诺尔火山顶，也有一个火山口湖。五大连池市五大连池火山群的南格拉球火山是一个季节性的火山口湖，其湖水浅，并长满了苔藓等植被。云南腾冲地区打鹰山火山口湖经火山数度喷发而遭破坏。山西大同地区昊天寺火山，山上原本有湖。据中国北魏著名地理学家郦道元记载，湖的南北宽30余丈，东西宽丈余，深不见底，水温甚高。后来，明朝万历年间因建昊天寺，湖被填平而消失。广东湛江附近的湖光岩和雷州半岛徐闻县田洋村各有一座火山口湖。台湾岛宜兰平原外龟屿上的"龟头"和"龟尾"也各有一座火山和火山口湖。

冰川湖

与"火"相对，冷酷的"冰"大刀阔斧地开启了对高山的改造。冰川湖是水碛物堵塞冰川槽谷，经过积水而形成的一类湖泊。它们分布的海拔一般较高，而湖体较小，多数是有出口的小湖。中国的冰川湖主要分布在西南、西北等冰川较多的高海拔地区，其中，念青唐古拉山和喜马拉雅山区较为普遍。如藏南的八宿错，它是由扎拉弄巴和钟错弄巴两条古冰川汇合以后，因挖蚀作用加强所形成的冰川槽谷，后谷口被终碛封闭堵塞形成，湖面高程3460米，面积26平方千米，最大水深60米。藏东的布冲错是由出口处四条平行侧碛垄和两条终碛垄围堵而形成的冰蚀湖。湖区古冰川遗迹保留完整，东南岸有一片冰碛丘，沿湖伸展30千米以上。

新疆境内的阿尔泰山、天山和昆仑山亦有冰川湖分布，它们大多是冰期前的构造谷地，在冰期时受冰川强烈挖蚀，形成宽阔平坦槽谷，冰退时，槽谷受冰碛垄阻塞形成长条形湖泊，如博格达山北坡的新疆天池，古称瑶池，相传是王母娘娘沐浴的地方；还有小天池，相传是王母娘娘洗脚的地方。它们水深且碧蓝，这是冰川的缘故。

川西及昌都市也保存一些冰川湖，如峨边泰永场的大小天池、轮池、天生塘等，湖口至今仍可见到冰碛物。

甘孜以西的新路海和青海省文果县的果海也是冰川湖。新路海是中国最大的冰川终碛堰塞湖，大约成湖于大理冰期后期。湖区属高寒温带季风气候，年平均气温只有5.5℃，一月份平均气温−15℃，极端最低气温达−32℃。湖面从每年九月下旬开始封冻至翌年三月下旬解冻，冰冻期长达半年之久，冰厚60厘米。湖周布满云杉树，其中，新路海上游冰川侧碛上的云杉林的树龄均在100年以上，而新路海下游冰川终碛垄上的云杉林的树龄可达580年。暗绿色的云杉，映着冰清如玉的湖面，真乃纯洁之仙境。

风成湖

"冰"与"火"之后，"风"成为沙漠湖泊最主要的塑造力量。它扬起沙尘，又将其抛下，堆积成高高低低的沙丘，沙丘间的洼地在地下水及降水的补给下，积水成湖，即为风成湖。如敦煌附近的月牙湖，四周被沙山环绕，水面酷似一弯新月，湖水清澈如翡翠。

风成湖泊多是不流动的死水湖，面积小，水浅而无出口，湖形多变，常是冬春积水，夏季干涸或成为草地。湖泊变幻莫测，常被称为神出鬼没的湖泊。由于沙丘随定向风的不断移动，湖泊常被沙丘掩埋而成地下湖。

巴丹吉林沙漠腹地的南海子湖（简敏菲/供）

在巴丹吉林沙漠的高大沙山之间的低地上分布有百余个风成湖，面积一般不超过0.5平方千米，最大的伊和扎格德海子的面积也只有1.5平方千米，最深6.2米，由于湖面蒸发强烈，盐分易于积累，故湖水含盐量很高，一般在17克/升以上，且大部分湖底有结晶盐块析出。在新疆塔里木河下游一带的沙丘间洼地，湖泊分布较多，大多是淡水湖，越往沙漠中心，湖泊越少。

构造湖

构造湖是地壳构造运动所造成的凹陷盆地积水而成的湖泊。以构造断裂形成的断层湖最为常见，其特点是湖形狭长、湖岸陡峭、水深而清澈，如中国云贵高原上的滇池、洱海、抚仙湖，以及非洲东非大裂谷的坦噶尼喀湖等。有的构造湖是大块陆地下沉而成湖盆，潴水成湖；也有的构造湖是岩层同时发生断裂、褶皱两种地壳变动生成的湖盆，如俄罗斯的贝加尔湖。构造湖可以分为：对称断陷湖，或称地堑湖；不对称断陷湖，或称半地堑湖；对称凹陷湖；不对称凹陷湖；还有以上类型的复合湖型等。也可以按地壳运动的性质分为褶皱湖和断层湖两大类。

青藏高原由于受强烈隆升的影响，在一些近东西向断块山脉的南侧，一般都有深大断裂谷的发育，在其谷底低洼处每每有纵向延长的湖泊带分布，湖泊长轴与区域构造线方向相吻合。如在唐古拉山和冈底斯山一念青唐古拉山之间的宽阔洼地中发育了众多的湖泊，较大的有纳木错、色林错、加仁错、昂孜错等。柴达木盆地中的众多湖泊也多分布在构造盆地的低洼处，它们均是第三纪柴达木古巨泊分化残留湖盆。

云贵高原也拥有许多断陷盆地，且大多受南北向断裂构造的控制，使湖泊的长轴呈南北向延伸，如滇池、抚仙湖、阳宗海、洱海和程海等。它们大多保留着明显的断崖，或有涌泉和温泉出露。

内蒙古广大地区经过喜马拉雅运动被抬升为高原，并伴有断裂的挠曲变形，形成众多的宽浅盆地，其中发育了众多湖泊，较大的有呼伦湖、贝尔湖、岱海、黄旗海、查干诺尔和安固里淖等。

在新疆的塔里木和准噶尔两个大构造盆地内发育了罗布泊、玛纳斯湖、艾丁湖、赛里木湖、布伦托海、巴里坤湖和博斯腾湖等。

在青海省的阿尔金山和可可西里山之间的凹陷带内发育有可可西里湖、卓乃湖和库赛湖等；在可可西里山和唐古拉山之间发育有西金乌兰湖、乌兰乌拉湖、多格错仁等。沿黄河分布的鄂陵湖和扎陵湖亦是由几组断裂控制而形成的构造湖。台湾地区著名的日月潭，是玉山、阿里山山间断陷盆地积水而成的一个高山构造湖。中俄国境线上的兴凯湖，是在第三纪断陷基础上形成的构造湖。

海成湖（潟湖）

海成湖，也就是潟湖，形成于海湾处。后湾口处由于泥沙沉积而将海湾与海洋分隔开，从而成为湖泊，通常称为潟湖，如杭州西湖、宁波的东钱湖。

潟湖（xì hú）（误称泻湖，由于潟字少见并被不少人

潟湖[1]

---

[1] 本书未标注摄影者图片均已向摄图新视界网站购买版权。

误认为是繁体字，其实不然）是被沙嘴、沙坝或珊瑚分割而与外海相分离的局部海水水域。海岸带泥沙的横向运动常可形成离岸坝－潟湖地貌组合。当波浪向岸运动，泥沙平行于海岸堆积，形成高出海水面的离岸坝，坝体将海水分割，内侧便形成半封闭或封闭式的潟湖。在潮流作用下，海水可以冲开堤坝，形成潮汐通道。涨潮时带入潟湖的泥沙，在通道口内侧形成潮汐三角洲。潟湖沉积是由入潟湖河流、海岸沉积物和潮汐三角洲物质充填，多由粉沙淤泥质夹砂砾石物质组成，往往有黑色有机质黏土与贝壳碎屑等沉积物。

约在数千年前，杭州的西湖还是与钱塘江相连的一片浅海海湾，后来由于海潮和河流挟带的泥沙不断在湾口附近沉积，使海湾与海洋完全分离，海水经逐渐稀释淡化才形成今日的西湖。

有部分学者认为太湖及其周围的湖群也曾是个古潟湖。大约在6000年以前，出现的高海面曾抵达今日太湖平原以西的山麓。随后，长江泥沙的沉积以及沿岸流、波浪和合成风向等的作用，造成了长江南岸沙咀和杭州湾北岸沙咀作钳形合抱，因而围成了古太湖（潟湖）。当时，古太湖的面积远比现在的太湖大。今日的洮滆湖群和淀泖湖群以及现已被围垦的芙蓉湖群和菱湖湖群等都属于古太湖的范围。

河成湖

河成湖是由于河流摆动和改道而形成的，往往与河流的发育和河道变迁有着密切关系，且主要分布在平原地区。因受地形起伏和水量丰枯等影响，河道经常迁徙，因而形成了多种类型的河成湖。这类湖泊一般是岸线曲折，湖底浅平，水较浅。中国的河成湖类型主要有以下五种。

（1）由于河流挟带的泥沙在泛滥平原上堆积不匀，造成天然堤之间的洼地积水成为湖泊。例如，湖北省长江与汉水的湖群（如洪湖），河北省的洼淀湖群（如白洋淀），多属此类湖泊。

（2）支流水系因泥沙淤塞不能排入干流并与干流隔断，支流产水而形成长条形的湖泊，如安徽省境内淮河流域的城东湖和城西湖就是19世纪30~40年代受堵而形成的。

（3）支流水系的水流因受干道水流的顶托而宣泄不畅，甚至干流水还倒灌入支流，使支流下游平原因洪水泛滥而形成湖泊，如江西省的鄱阳湖。

（4）洪水泛滥时，河水侵入两岸高地间的低洼地，并形成河湾，在湾口处沉积了大量的泥沙，洪水退后形成堰堤湖，如湖北省江夏区的鲁湖。

（5）1194年黄河南徙后，泗水下游壅塞，河水宣泄不畅而储水，从而形成了一系列的湖泊，由此而南为南阳湖、独山湖、昭阳湖和微山湖，总称为南四湖。黄河夺泗入淮，不仅打乱了淮北水系，而且还使泗淮两河淤塞严重，河水宣泄不畅，加上人为因素的影响，遂又在淮河下游形成了洪泽湖、高邮湖、邵伯湖和宝应湖诸湖。

牛轭湖，亦是一种河成湖，以其平面形态独特而备受人们的关注。在平原地区流淌的河流，河曲发育，随着流水对河面的冲刷与侵蚀，河流越来越曲，最后导致河流自然裁弯取直，河水由取直部位径直流去，原来弯曲的河道被废弃，形成湖泊。因这种湖泊的形状恰似牛轭，故被称为牛轭湖。湖北的尺八口和原有的白露湖及排湖、内蒙古的乌梁素海皆为著名的牛轭湖。

堰塞湖

堰塞湖是由火山熔岩流，冰碛物或由地震活动使山体岩石崩塌下来等原因引起山崩滑坡体等堵截山谷、河谷或河床后贮水而形成的湖泊。由火山熔岩流堵截而形成的湖泊又称熔岩堰塞湖。中国东北的五大连池和镜泊湖就属于堰塞湖。

千姿百态的湖泊成因

台湾岛地震活动频繁，1941年12月，嘉义东北发生一次强烈地震，引起山崩，浊水溪东流被堵，在海拔580米处溪流中，形成一道高100米的堤坝，河流中断。10个月后，上游的溪水滞积，在天然堤坝以上形成一个面积达6.6平方千米、深160米的堰塞湖。

最新的堰塞湖是2000年4月由西藏易贡藏布大滑坡引起的。滑坡前的易贡湖盆地流淌着易贡河，它并不完全充满湖水，而是多条漫流呈网状分布，总面积只有26平方千米，堵断易贡河后形成的易贡湖成为一个覆盖面积约33平方千米的大湖。

必须强调说明，堰塞湖的堵塞物不是固定永远不变的，它们也会受冲刷、侵蚀、溶解、崩塌等。一旦堵塞物被破坏，湖水便漫溢而出，倾泻而下，形成洪灾，极其危险。

岩溶湖

典型的岩溶湖是由碳酸盐类地层经流水的长期溶蚀所产生的岩溶洼地、岩溶漏斗或落水洞等被堵，经汇水而形成的一类湖泊。

岩溶湖泊排列无一定方向，形状或圆形，抑或椭圆形，有时也可呈长条形。岩溶湖一般面积不大，水也较浅。中国岩溶湖大多分布在岩溶地貌较发育的贵州、广西和云南等省（自治区）。例如，贵州省咸宁的草海原是一个构造下陷而成的盆地，早期的湖泊大约形成于15万年以前，当时湖面面积达90平方千米以上。此后，湖面开始收缩，大约距今12000年前，湖面缩小到60平方千米；至距今约5900年前，湖面又缩小至30~40平方千米；大约距今2000—4000年，因湖水从地下暗河流出，湖泊消亡。史料记载，明洪武年间"诏卫兵屯兵其中""迄今鞠为牧草，郡民牧草其中"说明当时已成可耕可牧的坝区。19世纪50年代，草海重现。据称"清咸丰七年（1857年），七月落雨40余昼夜，山洪暴发，夹沙抱木，大部落水洞被堵，洪水无法宣泄，盆地东部被掩成湖。"因湖中滋生繁茂的水生植物，故名"草海"。当湖水位为海拔2170米时，水深为2～5米，湖面积约45.5平方千米，容积为 1.4×10^8 立方米。草海是中国湖面面积最大的构造岩溶洞，素有高原明珠之称。

多成因湖泊

不同成因类型的湖泊分布或多或少都表现出区域的特点，但实际上在自然界中，湖泊的形成一般都具有多因素混成特点。除以上八种成因的湖泊外，多种因素叠加形成的湖泊则进一步增加了湖泊界的丰富程度。

例如，新疆阿尔泰山、天山的许多冰川湖，前期多为构造谷地，受构造断陷和冰川刨蚀的双重影响，这些湖泊比一般冰川湖更为深邃。由此而来的喀纳斯湖，其最大水深达188.5米，平均水深120.1米，为中国最深的冰碛堰塞湖。至于中国第四大湖——太湖，其形成原因至今仍存在争议，相应的假说包括潟湖成因、河流成因、构造成因，甚至陨石撞击之说。长江中下游五大淡水湖，其湖盆的形成虽由地质构造所奠定，但同时又与江、河、海的作用有着千丝万缕的联系，而且目前之所以保留一定面积的湖面，还与新构造运动的活跃以及沿袭老构造运动性质等分不开。

新疆喀纳斯湖

人工湖（水库）

人工湖也就是水库，顾名思义，就是贮水的"仓库"。它是一种具有特殊形式的人工和自然相结合的贮水水体，在水利工程上又属于"蓄水"设施，故通常习称为"人工湖泊"。

人工湖泊和天然湖泊不同，人工湖泊体现了人类利用和改造自然的智慧。水库是随着人类为解决水患和蓄水备用而出现与发展起来的。4000多年前，古埃及和美索不达米亚人民为了防止洪水泛滥和灌溉土地的需要，兴建了世界上第一批水库。中国人民则在公元前六世纪就修筑了芍陂灌溉工程，至今该工程仍在发挥作用。据统计，世界各国水库的总库容达55000亿立方米，水面面积超过35万平方千米。新中国成立初期，修建了第一座以防洪、供水为主要利用目标的综合性工程——官厅水库，到1950年年底，全国已建成各类水库86852座，总库容占天然湖泊贮水量的59%，接近淡水湖泊贮水量的2倍。除古代著名的水库——芍陂和鉴湖外，尚有水库形湖泊——洪泽湖。目前，在中国各大河流的中上游都兴建了一批水库，它们除蓄水功能外，还具有发电和航运功能，如黄河中上游的刘家峡、盐锅峡、八盘峡、青铜峡、三门峡和龙羊峡等水库；长江中上游则有丹江口、柘溪、乌江和二滩等水库。新安江水库即今天的千岛湖是中国著名的旅游区。举世闻名的长江三峡工程，水库坝高达180米，总容库200亿立方米，水电站装机容量1300万千瓦，年发电量650亿度，堪称世界之最。

（执笔人：胡蓓娟）

千姿百态的湖泊成因

　　湖泊资源是指赋存于湖泊自然综合体内各类资源的总称，涵盖了水资源、生物资源、滩地资源、矿产资源、热量资源、水力资源、环境资源等类型。各种资源类型共同存于同一湖泊综合体内，形成神奇宝贵的自然资源。

　　湖泊能调节河川径流，防洪减灾；湖水可用于灌溉农田、沟通航运、发电、提供工农业生产以及饮用水源；还能繁衍水生动物、植物，发展水产品生产。湖泊水体的存在，可改善湖区生态环境，提高环境质量。有的湖泊风光优美，景色宜人，是人们向往的旅游和休养胜地，发展旅游得天独厚。众多的盐湖不仅赋存有丰富的石盐（NaCl）、天然碱、芒硝（$Na_2SO_4 \cdot 10H_2O$）等普通盐类，还蕴藏有硼（B）、锂（Li）、钾（K）、铯（Cs）等稀有和贵重盐类矿产资源。所以，湖泊是天然的宝库，在我国自然资源中占有举足轻重的地位，如能充分进行合理开发利用，对国民经济发展、人民生活水平提高和美化环境等，都将发挥巨大作用。

珍贵的湖泊资源及其功能

神州明珠——湖泊湿地

丰富的湖泊水资源

水是生命的源泉，是人类赖以生存和从事各种经济与社会活动的命脉。湖水是全球水资源的重要组成部分，地球上湖泊（包括淡水湖、咸水湖和盐湖）总面积约为270万平方千米，总水量约17.64万立方千米，其中，淡水储量约占52%，约为全球淡水储量的0.26%。湖水可以不断更新，但不同湖泊的更新期不同，湖水更换期的长短取决于其容积和入湖、出湖年径流量。中国鄱阳湖湖水更新一次仅9.6天，太湖湖水更新一次约299天。湖泊淡水储量的地区分布很不均匀，贝加尔湖、坦噶尼喀湖和苏必利尔湖等40个世界大湖储存的淡水量占全球湖泊淡水总量的4/5。中国的鄱阳湖、洞庭湖、太湖、巢湖和洪泽湖的淡水总量约为553亿立方米。

珍贵的盐矿资源

盐湖矿产资源是湖泊资源中的一个重要类型。地处内陆的淡水湖或咸水湖，在干旱或半干旱的气候、封闭的盆地地形和具有一定盐类物质来源的条件下，均可演变为盐湖。这是因为在强烈的蒸发和入湖径流量不足的环境下，湖泊水量入不敷出，所含盐分的浓度越来越大，久而久之，各种元素就会达到饱和或过饱和状态，产生盐类结晶并沉积下来，形成盐湖矿床。首先结晶沉积的是那些溶解度小的盐类，如碳酸盐（方解石、白云石、天然碱、苏打、水碱等）和硫酸盐（芒硝、石膏、钾石膏、白钠镁矾、泻利盐等）。接着湖水进一步浓缩，会产生氯化物（石盐、水石盐等）类型的盐类结晶和沉积。由于盐类成分的不同或沉积环境的差异，盐类沉积可呈现出各种各样的结晶形态。如石盐，有的像蘑菇，亭亭玉立，叫蘑菇盐；有的似春笋，叫钟乳盐。再如，有的钾镁盐晶体如宝塔，味辛辣，被称为麻盐；硼酸盐洁白如雪，稍有甜味，被称为甜盐。随着盐湖中盐类的结晶沉积，残存的卤水则转为晶间卤水或表层卤水的形式存在。这些一层层结晶的矿物质正是丰富的宝藏，其中，以金属、类金属元素为主，包括钠、钾、镁、锂、硼、铷、铯、溴等。当盐湖的盐类沉积露出地表时，被称为干盐湖。一旦干盐湖为后来的泥沙所覆盖，盐湖的生命即告结束。由此可见，盐湖是湖泊发展到老年期的产物，因而在湖泊生活史上又称其为末期湖。盐湖资源属无机盐类矿产，是一种廉价的自然资源，开发容易，综合利用价值高，经济效益显著，对国民经济发展意义重大。盐湖被广泛用于工业、农业和国防等国民经济各个部门以及人们的日常生活中。

肥沃的湖泊滩地

湖泊滩地又称湖泊滩涂，是处于环湖陆地和湖泊开敞水域之间水陆环境相互过渡的一个地带，即介于湖泊的年最高水位平均值与年最低水位平均值之间的地带，它是湖泊在发展演变过程中由于泥沙及生物残体等各种物质年复一年地沉积而逐渐形成的一个湖泊地貌单元，并随着时间的推移，由近岸地带逐渐向湖心伸展，不断扩大其规模，使原来起伏不平的湖底地形渐趋平缓，造成湖泊沿岸带和开敞区在水文、化学和生物特性上的差异逐渐消失。滩地逐渐发展扩大的过程，实质上就是湖泊的逐渐衰老消亡过程。湖泊滩地是一种良好的土地资源，土层深厚，土质肥沃，地势平坦，灌溉便利。在一定时期内，为了适应自然环境的变化，对湖泊滩地资源合理地垦殖利用，是无可非议的。它不仅可以扩大耕地面积，增加粮食产量，同时在

珍贵的湖泊资源及其功能

一定程度上也可缓解湖区工业、副业和小城镇建设对土地要求日益迫切的矛盾。我国劳动人民利用湖泊滩地从事开垦种植有着悠久的历史。从华北平原的洼淀到云贵高原的湖泊，开垦湖泊滩地为田者，均有所见。新中国成立后，我国许多湖泊，如洞庭湖、鄱阳湖、洪泽湖等，建圩垦殖后都成了粮、棉、油的重要商品基地，这充分说明了湖泊滩地围垦所取得的显著成效。

湖泊滩地区域水生植被茂盛，有丰富的鱼、虾、贝、蟹等生物资源，是重要的渔业区，也是大天鹅、小天鹅、黑鹳、白鹳和白枕鹤等珍稀水禽及野鸭和大雁等鸟类的越冬栖息地。

丰富的生物资源

湖泊生物资源丰富多彩，是重要的湖泊再生资源，也是湖泊资源中的一个重要类型。有些是人们喜爱的副食品，如鱼、虾、蟹、贝、莲、藕、菱、芡；有些是工业、副业生产的原材料，如苇、蒲、席草、蚌壳；还有些可以入药，如苇根、蒲黄、莲心、莲蕊、鳖甲等；更有许多种水生植物和螺、蚬、蚌等水生动物可作为家畜、家禽及鱼类养殖的饵料；水生植物还被广泛用作农肥或燃薪。此外，湖泊生物还在维持湖泊生态系统平衡、净化水质以及作为基因库保存遗传物质种类和生物多样性方面，充当重要角色。所以，湖泊生物资源的开发利用与保护，是发展湖区经济的重要内容。值得一提的是，鱼类资源是湖泊生物资源中的一种主要资源类型。湖泊的实际渔业产量及渔业产潜力受湖泊面积、水深、水质、气候条件、饵料生物种群数量及生产力等一系列自然因素的影响，同时也受渔业开发利用方式、繁殖保护措施以及捕捞强度等人为因素制约。湖泊鱼类资源的开发利用方式大致可分为3种：原始性开发利用、粗放式开发利用和集约式开发利用。除青海、西藏、新疆等边远省（自治区）的一些湖泊，如喀纳斯湖、班公措、纳木错、色林错等，因交通不便，湖区人烟稀少，至今尚未得到开发利用外，其他绝大多数湖泊的鱼类资源已被不同程度地开发、利用。

此外，湖泊生物还在维持生态系统平衡、净化水质以及保存生物多样性方面起着重要的作用。

珍贵的水力资源

水力资源除蕴藏于江河之外，在湖泊中亦占有一定比重。分布在高原和山区的一些湖泊，不仅蓄贮了丰富的水量资源，而且由于落差集中，蕴藏的水力资源也是比较丰富的。同时，由于湖泊水深岸陡，淹没损失小，以较小的代价即可获得巨大的天然调蓄库容，引水发电等开发利用的条件一般来说也都是比较优越的。如洱海、滇池、抚仙湖、镜泊湖、羊卓雍措、博斯腾湖、新疆天池、日月潭等都是我国湖泊水力资源的主要蕴藏区。

风光秀丽的旅游资源

中国领土辽阔，地形复杂，气候多变，湖泊也成为惬意迷人的旅游胜地。许多湖泊已成为中外旅客必到之地。杭州西湖之美名扬天下，令古往今来的许多文人墨客为之倾倒。扬州之瘦西湖、济南大明湖、嘉兴南湖、武昌东湖和南京玄武湖等都是风光旖旎、景色宜人和引人入胜的名湖。

我国许多大湖因其烟波浩渺、水天相连而成为著名的游览胜地。从岳阳楼上望洞庭，站在鼋头渚畔远眺太湖，由含鄱口观鄱阳，攀龙门瞰滇池，只见水天一色，碧波帆影，山水交辉，浑然一体，构成一幅幅富含诗情画意的天然美景，无不使人心旷神怡、流连忘返。

湖泊作为旅游资源，正日益受到重视。湖泊资源的不合理开发会造成湖泊渔业资源衰减、湖泊面积缩小和湖泊周围土地的沼泽化等不良后果。

（执笔人：胡蓓娟、简敏菲）

（戴年华/摄）

　　东部湖区包括长江中下游平原及三角洲平原、淮河中下游平原、黄河和海河中下游平原以及京杭大运河沿岸。这里地势低平，濒临海洋，气候温暖，降水丰沛，河网交织，湖泊星罗棋布，拥有面积大于1平方千米的湖泊有634个，合计面积22900平方千米，约占全国湖泊总面积的28.1%；其中，面积10平方千米以上的湖泊有138个，合计面积19400.30平方千米。除华北平原存在少量的咸水湖外，其余均为淡水湖，中国著名的前六大淡水湖中有五大淡水湖——鄱阳湖、洞庭湖、太湖、洪泽湖和巢湖均分布在东部平原。

　　这里，我们将东部湖区划分为长江中下游平原湖泊群、华北平原湖泊群与东南丘陵湖泊群三个类型，分别介绍相关的典型湖泊。

中国的鱼米之乡
——东部湖区

神州明珠——湖泊湿地

鱼米之乡
——长江中下游平原湖泊群

中国最大淡水湖——候鸟天堂鄱阳湖

鄱阳湖位于长江南岸，是中国第一大淡水湖，也是长江流域仅存的3个与长江自然连通的湖泊之一。水位自然连通使鄱阳湖成为长江流域生态环境质量最好的湖泊之一，是生物多样性非常丰富的国际重要湿地，被列入中国第一批《国际重要湿地名录》。同时，鄱阳湖在调蓄洪水、航运、城市供水等方面发挥着不可替代的作用。

鄱阳湖接纳赣江、抚河、修河、信江和饶河五河之水，经调蓄后，于湖口注入长江。一年中大部分月份，鄱阳湖汇集五河来水流入长江，为长江上下游提供清洁水源。7~9月，长江上游降水量增多导致长江水位抬升，长江水倒灌至鄱阳湖，鄱阳湖有效减缓了长江的洪水压力。

鄱阳湖是一个"善变"的湖泊，存在剧烈的年内水位波动，有"高水是湖，低水似河"的独特景观。4~9月是丰水期，湖区水位迅速抬升，湖泊面积超过3000平方千米，好似宽阔的大海。10月至次年3月是枯水期，湖区水位下降，湖泊面积缩小至1000平方千米，形成众多碟形湖和河道。丰水期的洪水脉冲带来丰富的有机物质和营

鄱阳湖草洲与鸟类（王文娟/摄）

养物质，促进了动植物的生长。枯水期水位下降，露出大面积草洲、泥滩和浅水生境，吸引了众多水鸟在此越冬。

鄱阳湖是名副其实的候鸟天堂，东亚最重要的水鸟越冬地。平均每年有42万只水鸟来此越冬，隶属于17科111种，包括很多珍稀濒危鸟类。全球几乎所有的IUCN（世界自然保护联盟）极危物种白鹤，绝大部分的濒危物种东方白鹳和易危物种鸿雁都到鄱阳湖度过漫长的冬季。受人类干扰和全球气候变化的影响，长江中下游流域大部分湖泊生态环境质量不断恶化，水鸟数量不断减少，大量水鸟向鄱阳湖、洞庭湖等少数适宜生境退缩，鄱阳湖成为很多濒危鸟类最后的冬季"伊甸园"。

鄱阳湖拥有丰富的鱼类资源，共记录鱼类26科134种。鄱阳湖既是江湖洄游性鱼类重要的摄食和育肥场所，也是某些过河口洄游性鱼类的繁殖通道，是长江流域重要的鱼类及水生生物栖息地。经济鱼类主要以鲤鱼、鲫鱼、鲇鱼等中小型种类为主，其次是草鱼、鲢鱼、鳙鱼等大型

鹤舞鄱阳湖（戴年华/摄）

种类。鱼类主要是当龄鱼、小型鱼，甚至是鱼苗。渔获物呈现小型化、低龄化和低质化现象。竭泽而渔、长期低水位、螺蚌采集、涉水工程建设等是鄱阳湖渔业资源退化的主要原因。

鄱阳湖优越的自然条件和丰富的鱼类资源使其成为长江江豚的重要栖息地。2017年长江江豚考察结果显示，江豚种群数量约1012头，其中，鄱阳湖457头，占比达45%。长江江豚偏好在水深适宜、鱼类丰富、流速较缓、货船密度低的区域觅食。长江江豚存在一定的季节性江湖迁移行为。5~8月（丰水期），长江江豚主要从长江干流迁入鄱阳湖；11月至次年2月（枯水期），长江江豚主要从鄱阳湖迁入长江干流。这种迁移不是由于繁殖等需求驱动，主要是由捕食需求和/或空间需求驱动，长江江豚喜欢迁移到鱼类丰富和水深的区域生活。

目前，鄱阳湖受人类活动加剧和全球气候变化的影响，正面临着沉水植被退化、水质恶化、生物多样性减少等问题。为保护和修复鄱阳湖生态环境，国家和各级地方政府也做出了很多努力。鄱阳湖全流域已建立174处自然保护区，总面积高达150万公顷，占江西省面积的61%，在中国东部处于领先水平。江西省先后出台《江西省湖泊保护条例》（2018年）、《江西省湿地保护条例》（2019年修订）、《江西省生态文明建设促进条例》（2020年）、《江西省候鸟保护条例》（2021年）等，为鄱阳湖生态环境和生物多样性保护提供了法律法规保障。为恢复包括鄱阳湖在内的长江流域鱼类资源，国家决定从2020年1月开始在长江干流和重要支流除水生生物自然保护区和水产种质资源保护区以外的天然水域实施长江十年禁渔计划，让长江的鱼能够"休养生息"。希望在政府、科学家和公众的共同努力下，鄱阳湖的生态环境质量朝着向好的方向发展。

湖光秋月两相和——沧桑巨变话洞庭

洞庭湖位于长江中游荆江南岸，是中国第二大淡水湖，也是长江流域仅存的3个与长江自然连通的湖泊之一。洞庭湖是中国最早被列入《国际重要湿地名录》的湿地，世界自然基金会（WWF）将其列为全球200个重要生态区之一。除为众多野生动植物提供栖息地外，洞庭湖还为人类提供了多种生态服务，如涵养水源、调蓄洪水、渔业生产、降解污染等。

洞庭湖湖体近似"U"字形，湖区承接湘江、资江、沅江、澧水四水和松滋、太平、藕池三口分泄长江来水，经湖区调蓄后由城陵矶出流进入长江。自然连通的属性使得洞庭湖存在较大的年内水位波动，年平均水位变幅达13.35米，呈现"高水湖相，低水河相"的特点。洞庭湖每年4月水位开始上涨，7～8月水位达到峰值，9月水位下降，12月至次年3月为枯水期，水位达到年内最低值。剧烈的水位波动造就了洞庭湖极高的生物多样性。

洞庭湖是长江中下游流域最重要的候鸟越冬区之一。洞庭湖水鸟具有种类多、数量大、濒危程度高的特点，已记录鸟类共有18目60科279种，包括国家一级保护鸟类7种，国家二级保护鸟类33种。超过90%的IUCN易危物种小白额雁的古北区东部种群在洞庭湖越冬。近几十年，长江中下游流域大部分湖泊生态环境质量不断恶化，大量水鸟向鄱阳湖、洞庭湖等少数适宜生境退缩，洞庭湖越冬水鸟数量不断增加，在长江流域水鸟多样性保护方面发挥的作用日益凸显。2021年洞庭湖越冬水鸟同步调查数据显示，水鸟总数量达到28.8万余只，为历史最高值。

洞庭湖在历史上可谓历经沧桑巨变。它曾经是中国最大的淡水湖，1825年湖面达6300平方千米，之后为了满足人口迅速增长对粮食的需求，洞庭湖被大肆围垦，面积不断减少。20世纪30年代，洞庭湖面积不足5000平方千米，到1998年减小至2518平方千米，共减少了49.2%。平均湖泊面积也从20世纪30年代的4.21平方千米下降到1998年的1.71平方千米。此后，洞庭湖屈居中国第二大淡水湖，并被分割成东洞庭湖、南洞庭湖和西洞庭湖三部分。

20世纪50～70年代是湖区围湖造田最严重的时期，

洞庭湖

农田面积不断扩张。围湖造田满足了洞庭湖区日益增加的人口对于耕地的需求，但也带来了极大的水文和生态的负面影响，包括湖区洪涝灾害频发，生境破碎化程度加剧，生物多样性减少等。这些负面影响使政府和当地人民认识到湿地的重要性。70年代末，水利部明令禁止围湖造田活动。特别是1998年的长江特大洪水给当地带来巨大经济损失，使中央政府进一步认识到围湖造田的严重生态后果，于是在长江中游实施了围湖造田的反过程——"退田还湖"工程。该政策的实施极大地促进了洞庭湖湿地生态系统恢复健康。

　　1977年，为了发展造纸、木材等经济产业，欧美黑

中国的鱼米之乡——东部湖区

杨被引入洞庭湖区。当时，政府鼓励老百姓大面积种杨树，导致杨树面积大幅增加，甚至向东洞庭湖国家级自然保护区核心区挺进，西洞庭湖杨树种植面积增长约9倍。欧美黑杨有"湿地抽水机"的绰号，对水分和养分的需求大，加速洲滩湿地的旱化，破坏了湿地生态平衡。研究发现，杨树林下草本植物物种丰富度下降、鸟类数量减少，老百姓称之为"树下不长草，树上不落鸟"。

随着洞庭湖区一系列生态环境问题的出现，2017年政府提出实施"生态退杨"政策，明确要求在年底前全部清除东洞庭湖国家级自然保护区核心区内的杨树。2018年，湖南省出台《洞庭湖生态环境专项整治三年行动计划（2018—2020年）》，将加快湿地生态修复及稳妥清退欧美黑杨列为重点任务。2020年11月，东洞庭湖的欧美黑杨全部清退。"生态退杨"政策的实施极大地优化了洞庭湖湿地景观格局，促进了区域内生态环境质量的改善。

洞庭湖的经历给予我们一个重要启示：政策导向在湿地生态系统保护中起着至关重要的作用。中国向来重视人与自然和谐共生，古有"天人合一"理念，现有"生态文明"思想。党的十八大以来，生态文明建设更是上升为国家战略。相信在党和人民的共同努力下，美丽中国梦定会实现。

白银盘里一青螺——毓秀钟灵属太湖

太湖位于长江三角洲的南缘，古称震泽、具区，又名"五湖""笠泽"，是中国五大淡水湖之一，位居第三，是古代滨海湖的遗迹，位于江苏省南部，北临江苏无锡，南濒浙江湖州，西依江苏常州、江苏宜兴，东近江苏苏

太湖

州，由江苏省对太湖全境进行行政管辖。

太湖湖面形态如向西突出的新月，南岸为典型的圆弧形岸线，东北岸曲折多湾，湖岬、湖荡相间分布，以湖岸计算得出湖泊面积2427.8平方千米，湖岸线全长393.2千米。太湖中现有51个岛屿，总面积89.7平方千米，太湖实际水域面积为2338.1平方千米，其西侧和西南侧为丘陵山地，东侧以平原及水网为主。太湖地处亚热带，气候温和湿润，属季风气候。太湖河港纵横，河口众多，有主要进出河流50余条。

太湖水系呈由西向东泄泻之势，平均年出湖径流量为75亿立方米，蓄水量为44亿立方米。太湖岛屿众多，有50多个，其中18个岛屿有人居住。

太湖是平原水网区大型浅水湖泊，湖区号称有48岛、72峰，湖光山色，相映生辉，具有未曾雕琢的自然之美，有"太湖天下秀"之称。

太湖流域气候温和温润，水网稠密，土壤肥沃，特产丰饶，自古以来就是闻名遐迩的鱼米之乡。太湖水产丰富，盛产鱼虾，素有"太湖八百里，鱼虾捉不尽"的说法。据《太湖鱼类志》记载，太湖共有107种鱼类，隶属于14目25科74属，其生态类型主要有三类：一是太湖定居性鱼类，如鲤鱼、鲫鱼、鳊鱼、鲂鱼、鲌鱼、鲦鱼和银鱼等；二是江海洄游性鱼类，如鳗鱼、鲥鱼和东方鲀等；三是江湖洄游性鱼类，如草鱼、青鱼、鲢鱼和鳙鱼等。自然环境的改变以及人类经济活动的干扰，尤其是20世纪50～60年代沿江和沿湖大量闸坝的兴建、60～70年代的"围湖造田"以及破坏性渔具渔法的使用，致使洄游和半洄游性鱼类以及沿岸带产卵的定居性鱼类资源数量减少，而湖泊敞水性低龄鱼种群数量在人为繁殖保护措施下逐步增加，形成以刀鲚、银鱼等为主体和年变幅较大的太湖鱼类资源格局。现太湖的主要经济鱼类资源有鲚鱼、银鱼、鲌鱼、鲤鱼、鲫鱼、团头鲂、草鱼、青鱼、鲢鱼、鳙鱼、鳗鱼、花鱼骨、鲶鱼、鳜鱼、乌鳢、河川沙塘鳢和似刺鳊鮈等20余种。

太湖有银鱼、白鱼、白虾"三白"。太湖银鱼：肉质细嫩，营养丰富，无鳞、无刺、无腥味，有各种烹制方法。太湖白鱼：亦称"鲦""头尾俱向上"，体狭长侧扁，细骨细鳞，银光闪烁，是食肉性经济鱼类之一。尚未养殖，主要依靠天然捕捞。白鱼肉质细嫩，鳞下脂肪多，酷似鲥鱼。太湖白虾：白虾壳薄、肉嫩、味鲜美。白虾剥虾仁出肉率高，还可加工成虾干，去皮后便是"湖开"。白虾还可入药，内服有托里解毒之功能。

自1987年以来，太湖已有1%的水面水质受到轻度污染，主要分布在五里湖湖面和小梅入湖处；有10%的水面水质达三级，主要分布在三山、马迹山、大浦港至乌溪港和胥港至光福的太湖沿岸水域；89%的水面维持在二级水质，主要分布在湖心地区水域。

由于水质退化，太湖的营养化程度加重，经常发生绿色"水华"。从湖内氮、磷的营养成分分析，其指标均在中营养型和富营养化水平。以氮、磷指标评价，太湖的中营养型和富营养化的面积已占太湖总面积的90%以上。无锡市太湖沿岸由于富营养化程度较高，近几年夏季经常有蓝藻滋生，严重影响水质。

根据《江苏省太湖水污染防治条例》的规定，太湖流域实行分级保护，划分为三级保护区：太湖湖体、沿湖岸五千米区域、入湖河道上溯十千米以及沿岸两侧各一千米范围为一级保护区；主要入湖河道上溯10～50千米以及沿岸两侧各一千米范围为二级保护区；其他地区为三级保护区。太湖流域一、二、三级保护区的具体范围，由江苏省人民政府划定并公布。经过综合治理，太湖主要污染指标都有明显下降，但总氮指标为2.74毫克/升，离国家要求的2毫克/升还有不小距离。因此，太湖仍存在突发性水污染的风险。

江东子弟今犹在——春色归来梦巢湖

巢湖八百里，烟波浩渺，水天一色。它是孙枝芳诗中的"奇绝画图"，是陆游眼中的"自成诗篇"，亦是刘攽描述的"水天相接，舟行无穷"。巢湖位于长江下游北岸的江淮地带，是安徽省最大的湖泊，长江中下游第五大淡水湖，中国第六大淡水湖，也是"引江济淮"工程中连接长江和淮河的重要枢纽。其外形呈"鸟巢"状，在春秋战国时期隶属楚境巢国管辖，因此名为巢湖；而在西晋时期隶属庐江郡居巢县，又名居巢湖，俗称焦湖。

巢湖流域具有丰富的文化底蕴。它是古人类最早的发源地之一，"和县猿人"遗址、"银山智人"遗址以及凌家滩文化遗址印证了人类古代文明发展；它是著名的名胜古迹，吸引众多文人墨客留下了脍炙人口的诗篇；它是众多历史名人的摇篮，述说诸如"项羽乌江自刎""伍员借兵

中国的鱼米之乡——东部湖区

灭秦""勾践卧薪尝胆"等家喻户晓的历史故事。

巢湖是一个河成型浅水湖泊，水系发达，古有"三百六十汊"的称号。其湖区水源主要由杭埠河、派河、南淝河、兆河、柘皋河和白石天河六大支流汇入（杭埠河、南淝河、白石天河流入巢湖的水流量较大，约占巢湖面积70%以上），然后经裕溪河注入长江。巢湖最初与长江自然连通，存在较大的水位波动。后来为了满足防洪排涝、灌溉以及航运等需求，开始修坝建闸，实行人工控制水位，水位变化减小。汛期水位一般控制在8.0~8.5米，非汛期一般控制在8.5~9.0米。

巢湖是江北有名的"鱼米之乡"，水产资源丰富，"巢湖三珍"——银鱼、螃蟹（中华绒螯蟹）和白虾（秀丽白虾），更是自古有名。早期巢湖也有较丰富的鱼类物种，有较多的定居性鱼类和洄游性鱼类，共记录到20科94种，刀鲚和大型鲤科鱼类为优势种。后来，过度捕捞、污染、闸坝建设等原因导致鱼类种数下降，目前仅记录到15科52种，以定居性鱼类为主，洄游性鱼类减少，优势鱼类为刀鲚和太湖新银鱼，鱼类低龄化、小型化趋势严重。随着长江十年禁渔政策的全面实施，巢湖捕捞压力锐减，同时"引江济淮"工程的实施，也将恢复巢湖与长江的连通，相信未来巢湖的鱼类多样性会有很大的提升。

巢湖年际间水位变动较小，滩涂生境较少，适宜鸟类栖息的环境单一，但仍是许多鸟类的重要栖息地。随着巢湖湿地生态环境的修复，在巢湖记录的鸟类物种数已经由55种上升至300多种，除东方白鹳、棉凫、黑翅长脚鹬等珍稀鸟类外，还有绿头鸭、豆雁、红嘴鸥、鸬鹚、苍鹭等常见鸟类。环巢湖的众多湿地成为水鸟迁徙的停歇驿站和越冬栖息地，为越来越多的鸟类提供了宜居的生境。

巢湖具有重要的生态服务价值，是中国重点治理的"三河三湖"之一。"三面青山一面湖"，巢湖四周青山环绕，具有典型的"山水林田湖"特征。历史上记载巢湖流域面积达数千平方千米，但由于大量的围湖造田，缩小至约770平方千米。20世纪以来，巢湖地区工业、农业及养殖业迅猛发展，促进了该区域的经济增长，但也导致巢湖流域水体污染严重，湿地锐减，生态环境不断恶化。巢湖流域是中国农业生产最集中的区域之一，主要以耕种农作物为主。农业种植过程中使用过多的肥料以及养殖的禽类、水产品等产生的排泄物均含有大量氮、磷等营养物质，随着地表径流进入湖区，造成水体富营养化，导致藻类爆发。

多年来，巢湖生态环境问题一直是社会关注的焦点。当地政府部门高度重视巢湖流域的生态环境治理，采用综合治理蓝藻、退耕还湿、防治农业污染等一系列措施来改善巢湖的水质，修复巢湖湿地生态系统。2018年，安徽省政府启动环巢湖十大湿地保护与修复工程，重点治理南淝河、十五里河等重要入湖河流，通过"应急打捞蓝藻，完善流域监测""治湖先治河，河口建湿地""治河先治污，处理生活污水和雨水"等措施推进巢湖的生态环境修复。2020年8月，习近平总书记在安徽考察时寄予重托："一定要把巢湖治理好，把生态湿地保护好，让巢湖成为合肥最好的名片。"如今，在大家的共同努力下，巢湖湖区水质得到明显改善，已从Ⅴ类水质降为Ⅳ类水质，"水华"发生次数减少，巢湖生态环境正在持续向好。这块镶嵌在江淮大地的宝镜，正熠熠生辉，"合肥最好的名片"正在绚丽绘制。

湖北之肾鱼米乡——浪打浪啊洪湖水

"人人都说天堂美，怎比我洪湖鱼米乡……"一曲《洪湖水》勾起人们对洪湖无尽的牵挂和向往。令人无限牵挂和向往的洪湖位于湖北荆州，江汉平原流域的最下游，紧靠长江黄金水道，是中国第七大淡水湖，也是湖北省最大的湖泊。洪湖在含蓄水源、调节气候、水资源保护、生物多样性维持中发挥着重要作用。

洪湖属浅水、草型湖泊湿地，是生物多样性的代表区域之一，作为国家级自然保护区和国际重要湿地，洪湖水域辽阔，水质清纯、湿地水生植物生物量极为丰富，拥有维管束植物472种、浮游植物280余种。植物分布沿水深呈梯度变化，呈现出湿生植物、挺水植物、浮叶植物、沉水植物四种生态类型。据记载，洪湖水草覆盖率最高曾达98.6%，湖面以下生长着44万亩的"水下森林"。

此外，洪湖的野生动物资源也十分丰富，最具特色的鱼类资源产量居全国县、市第二位，主要以鲤科居多，同时拥有许多国家一级、二级保护野生鱼类以及省级重点保护野生鱼类。此外，每年洪湖湿地也吸引了众多迁徙水鸟来此栖息、越冬，堪称"鸟类的天堂"。洪湖共记录鸟类138种，国家一级保护野生鸟类有东方白鹳、黑鹳、中华秋沙鸭、大鸨等6种；国家二级保护野生鸟类有白琵鹭、白额雁、大天鹅、小天鹅等13种。

在这片湿地上，你不仅可以欣赏优美的风景，还能感受到红色文化的魅力，这里是洪湖赤卫队的故乡。在土地革命时期，以贺龙、周逸群、段德昌为代表的共产党人，创建了以洪湖苏区为中心的湘鄂西革命根据地。1927年秋收起义，湘鄂西革命战争开始，在这场战争中，当地百姓和红军并肩作战，鱼水情深，最终在1934年秋结束战争，历时7年。为了国家和人民，洪湖赤卫队英勇奋战，他们是几代人难以磨灭的记忆，也是一个时代的符号。

20世纪80年代，洪湖遭受了大面积的围垦，人们纷纷涌入洪湖，插竿围网，洪湖也从早年的"浪打浪"一度变成了"竿打竿"，生态环境不断恶化。由于大部分天然湿地被人为侵占，对洪湖湿地的干扰度也越来越大，洪湖水体流动性减弱，湖泊水域面积不断缩小。水鸟栖息地丧失，水生动植物种类和覆盖率不断下降。此外，受农业面源污染、工业污染、养殖污染等因素影响，不少富营养化物质随江水冲入洪湖，使得外来物种疯狂繁衍，洪湖水质进一步恶化。

近年来，为了恢复洪湖生态环境，政府将拆除围网作为洪湖抢救性保护的基础和前提。2016年，洪湖围网全部被拆除。围网的拆除不仅扩大了洪湖水域面积，也为水生动植物的生存提供了空间。为了避免人为抢占水面的行为，政府严格控制农业生产活动的范围。此外，人工栽种芦苇等水生植物，形成表流湿地，以此来改善洪湖水质，为水禽提供栖息地。自2017年起，洪湖保护区全面禁渔，在洪湖湿地国家级自然保护区生产和生活的渔民也全部撤离保护区。

十几年的整改工作，使得洪湖再现昔日风采。洪湖的植被覆盖率明显提高，水生植物覆盖率超过80%，有些水域高于95%，野生荷花面积恢复到5万亩。鸟类数量也明显增加，夏候鸟和冬候鸟总数量超过10万只，东方白鹳、紫水鸡、青头潜鸭、小天鹅等珍稀鸟类如今也重返洪湖。湿地具有巨大的价值，它在含蓄水源，调节大气，净化污染，维持生物多样性以及区域生态平衡方面起着重要作用，因此应继续加强对洪湖湿地的管理和保护。毕竟健康的湿地生态系统不仅是生态文明建设的一项重要内容，也是国家可持续发展的重要基石。

（执笔人：王文娟）

中国的鱼米之乡
——东部湖区

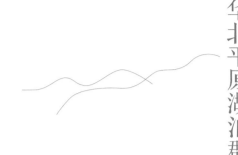

熠
熠
生
辉

——
华
北
平
原
湖
泊
群

十里烟波浮淀鸥——"华北之肾"白洋淀

白洋淀旧称白羊淀，又名西淀，地处京津冀腹地，位于河北省雄安新区中部，分属保定的安新、高阳、雄县、容城以及沧州的任丘五个县管辖。这是一片面积为500平方千米的水域，淀周堤埝环绕，淀内地形复杂，纵横交织的3700条沟壕把淀面分割成143个大大小小的淀泊，形成淀内有淀、淀间大小沟壕相通的水网泽国景观，被誉为"华北之肾""华北明珠"。

白洋淀四周被千里堤、新安北堤、四门堤、淀南新堤和障水埝等堤埝环绕，出口由枣林庄水利枢纽调控。白洋淀属于海河流域大清河的中上游地区，其水域面积随水位而变，当水位在10.5米时，其面积可达366平方千米。不同于中国南方的内陆湖泊和北方的人工水库，白洋淀水域构造十分独特，由多条河流将各个淀泊连在一起，形成沟壕纵横、芦荡莲塘星罗棋布的特殊地貌景观。而沟壕又将淀区分割成以白洋淀、马棚淀、藻苲淀等为主体的大小不等而又相互联系的143个淀泊，其中，白洋淀面积最大，故而以此命名。

白洋淀属温带大陆性季风气候区，多年平均降水量为563.9毫米，年内降水量分配不平衡，主要集中在6～8月。白洋淀区蓄水主要靠大清河上游河流径流及降水径流，蓄水量季节性变化明显。近几十年来，随着全球气候变暖，气温增加，十大流域降水量减少，加上上游水库的调蓄作用，使得白洋淀入淀水量急剧减少。

　　白洋淀的形成开始于第三纪晚期，成于第四纪。新生代以来，由于差异性断陷下沉形成冀中凹陷；到新生代第三纪，冀中凹陷趋于填平，从而形成古白洋淀；到新生代第四纪，由于发源于太行山的河系的冲积，使得低洼地带形成洼淀。由于气候变化及海水入侵等原因，古白洋淀形成以后水域不断发生扩张或收缩。距今7000～15000年的早全新世后期，由于东南热气团进入，降水增加，已干涸的古白洋淀再度兴起；到中晚全新世（距今2500年），气候的再次变干导致古白洋淀再次收缩、干涸并逐步解体。

　　白洋淀解体后形成若干淀泊。据史料记载，在北魏时期，白洋淀在诸多淀泊中属较大淀泊。隋朝，海河流域永济渠的开凿，使发源于太行山的河流洪水排泄受阻，造成河道中下游决口漫溢，并积水于白洋淀，使得白洋淀面积扩张；北宋时期，为防御外敌入侵及洪水灾害，开辟塘泺，形成塘泺防线，使得白洋淀及其周围的淀泊进一步扩大；元明时期，对太行山林木的大肆砍伐，造成水土流失，洼淀淤积为平地；明正德十二年，今潴龙河决堤流入，使得白洋淀再度积水为淀泊；清代，围淀造田的兴盛使得白洋淀区面积缩小了十分之九。20世纪60年代，白洋淀成为海河流域重点治理区域之一，其枣林庄枢纽工程的建成使得白洋淀蓄泄得到控制，从此天然淀泊变为水库型淀泊；为进一步解决区域水资源问题，21世纪以来，水利部组织实施了"引黄济淀"等调水工程，实现了可持续性补水，使白洋淀真正摆脱了缺水干涸的威胁。

白洋淀区是华北地区最大的浅水型淡水湖泊湿地，是诸如珍稀鸟类、淡水鱼类、野生动植物的理想生境。随着历史上白洋淀的水文及水环境的变迁，白洋淀的鸟类生物多样性也不断发生着变化。20世纪50年代调查显示，迁徙季节从白洋淀地区经过的雁鸭类、鸻鹬类超过20000只。20世纪60年代后，白洋淀生境恶化，灰鹤、鸻鹬类、雁鸭类等涉禽数量显著减少。如今，白洋淀可见鸟类63种，隶属于12目29科51属，常见鸟类有麻雀、灰翅浮鸥、棕头鸦雀、家燕、黑翅长脚鹬、震旦鸦雀和大杜鹃7种；稀有物种包含白翅浮鸥、喜鹊、白头鹎、黑眉苇莺和池鹭等在内的19种；罕见物种有包括苍鹭、斑嘴鸭、凤头鸊鷉、白眼潜鸭和青头潜鸭在内的36种。

白洋淀鱼类物种多样性是华北地区物种多样性的重要组成。20世纪中期以前，白洋淀鱼类可达54种；之后，由于淀区水资源缺乏、污染严重、上游水库修建等问题，白洋淀鱼类明显减少；随着政府"引黄济淀"等工程的实施，白洋淀鱼类开始逐渐恢复，由工程实施初期的鱼类物种不到40种上升到2019—2020年的44种。

白洋淀的自然植被以水生植被为主，目前淀内水生植物有20科31属38种，其中，挺水植物、沉水植物、浮叶植物、漂浮植物分别有16种、13种、6种、3种。主要的水生植物有芦苇、水蓼、小灯心草等，各种水生植物镶嵌生长，甚为养眼。

白洋淀美景

闲游信步渡芳洲——华北明珠衡水湖

衡水湖是华北平原重要湖泊，史称"千顷洼"，北倚衡水市区，南连冀州古城，湖泊面积75平方千米，是华北平原第二大淡水湖、国家水利风景区，也是华北平原上唯一保持沼泽、水域、滩涂、草甸和森林等完整湿地生态系统的自然保护区，还是华北平原第一个国家级内陆淡水湖泊湿地类型的自然保护区，被列入联合国教科文组织中国人与生物圈保护区网络。湖中有一南北向隔堤，将全湖分为东湖、西湖，其中，西湖面积32.5平方千米，东湖面积42.5平方千米。东湖又分大、小两湖，北部东大湖面积32.4平方千米，南部东小湖面积10.1平方千米。

衡水湖周边河流属海河流域的子牙河系，所有入湖河流、渠道在入湖口处均设有闸门，人为将河流、渠道与衡水湖隔断，衡水湖可以说是一个与周围水体没有直接水循环联系的"独立"湖泊。衡水湖地处北温带，属暖温带半湿润大陆性季风气候，近几十年来年平均降水量为524.8毫米，降水多集中在7~8月；多年平均蒸发量1154.8毫米。衡水湖区域蒸发量高于降水量的情况使得年径流量不断减少。同时，衡水湖上游地区大量水利设施的修建，使其自然补给缺乏。目前，衡水湖湿地系统基本靠引蓄卫运河、黄河等人工调水工程来维持。

据考证，衡水湖是浅碟形洼淀，由太行山东麓倾斜平原前缘的洼地积水而成，属黑龙港流域冲积平原中冲蚀低地带内的天然湖泊。在地质构造上，衡水湖属于第四纪基底构造，处于新华夏系衡—邢东隆起东侧的威县—武邑断裂带附近，主要经历了早全新世时期湖泊形成、中全新世湖泊扩展阶段及晚全新世的收缩阶段。据历史记录，衡水湖曾用名"信都泽""海子""泽水""冀衡大洼""衡水洼""葛荣陂""千顷洼"等。

衡水湖在历史上曾为黄河、漳河、滹沱河故道，水灾频繁，治理开发衡水湖成了历代州官的一件大事。隋朝的州官赵煚曾在此处修赵煚渠。唐贞观十一年冀州刺史李兴利用赵煚渠引湖水灌溉农田。清乾隆年间直隶总督方敏恪曾将衡水湖水"导使入滏，立闸以为闭纵""建石闸三孔，宣泄得利"，使这片荒地变成沃田。知州吴汝纶鉴于"嘉庆以后，闸废河淤"，于光绪十年开渠通滏，挖成一条长六十余里①、宽七丈②、深丈余的泄水河，"泄积水于滏，变沮洳斥卤之田为膏腴者且十万亩"。新中国成立以来，政府开始对衡水湖进行科学规划、整体治理。1958年，冀县（现冀州市）对衡水湖重新治理，在洼内筑西围堤，搞东洼蓄水灌溉，但因工程不配套，提水能力差，长期高水位蓄水致使周围土质盐渍化，故于1962年放水还耕。1972年，冀县修建东洼水库。1974年，衡水地区又组织冀县、枣强、武邑、衡水四县重修东洼。1977年扩建西洼，到1978年为止，将

---

① 1里 = 500米。以下同。

② 1丈 =3$\frac{1}{3}$米。以下同。

衡水湖建成了一个能引、能蓄、能排的成套蓄水工程，习惯上称为"千顷洼水库"。

但因衡水湖区域较大的蒸发量，人工调水成为了衡水湖最主要的给水渠道。1985年"卫千引水"工程实施，1994年11月"引黄入冀"工程完工，衡水湖才得以引水入湖。1994—2017年期间，衡水湖共引水量10.15亿立方米；其中，2005年引岳城水库水量6334万立方米，2012、2015—2017年间共引卫运河水量1.81亿立方米，其余均引黄河水。

衡水湖湿地生物种类十分丰富，被称作"物种基因库"。衡水湖湿地是重要的鸟类迁徙中转站，每年有大量的东亚鸟类迁徙经过此地。据统计，衡水湖现有鸟类296种，其中，属于国家一级保护的野生鸟类有丹顶鹤、白鹤、东方白鹳、黑鹳、大鸨、金雕、白肩雕；属于国家二级保护的野生鸟类有大天鹅、小天鹅、鸳鸯、灰鹤、白枕鹤等44种；属于《中日保护候鸟协定》[①]的有151种，属于《中澳保护候鸟协定》[②]的有40种。

在衡水湖湿地中，鱼类丰富，水草丰茂。其中，鱼类6目9科26属30种，而鲫鱼占到鱼类总量的90%以上；浮游植物7门53属，以蓝藻为多；浮游动物3门4纲45属，以轮虫生物量最大，占48.5%，其次为挠足类，占

---

① 1981年3月3日，中华人民共和国政府和日本国政府愿在保护和管理候鸟及其栖息环境方面进行合作，达成协议，在北京签订《中华人民共和国政府和日本国政府保护候鸟及其栖息环境协定》，简称《中日保护候鸟协定》。

② 1986年10月20日，中华人民共和国政府和澳大利亚政府愿在保护候鸟及其栖息环境方面进行合作，达成协议，在堪培拉签订《中华人民共和国政府和澳大利亚政府保护候鸟及其栖息环境的协定》，简称《中澳保护候鸟协定》。

32.3%；常见的大型水生植物共有27属37种；常见的湿生植物有芦苇、香蒲和莲等。

横越江淮七百里——淮河流域南四湖

南四湖，又称微山湖，位于山东省济宁市微山县境内，是南阳、独山、昭阳、微山四个串连湖泊的总称，为山东省最大的淡水湖，也是我国华北地区最大的淡水湖。南四湖湖面狭长，中部较窄，南北长约126千米，东西宽约5～25千米，湖面面积约1266平方千米。同时，其承纳苏鲁豫皖四省来水，有53条入湖河流和3条出湖河流，流域面积达到了31700平方千米。1960年，在昭阳湖中建成二级坝枢纽工程，将全湖分为上、下两级。南四湖为山东省第一大湖泊和南水北调东线工程调水线路上的重要调蓄湖泊，对于维护区域经济社会发展和生态安全有重要作用。

微山湖也是南水北调东线工程的重要枢纽。南水北调东线工程通过江苏省扬州市江都水利枢纽从长江下游引水，沿京杭大运河以及与其平行的河道逐级翻水北送，连通洪泽湖、骆马湖、南四湖、东平湖四个调蓄湖泊向黄淮海平原东部、胶东地区和京津冀地区提供生产生活用水。作为东线工程的调蓄湖泊之一，为保证众多地区的生产生活用水需求，微山湖水质显得尤为重要。

微山湖的形成是地壳运动、黄河决溢、人为活动共同作用的结果。四亿年前，华北地区的整体下降，特别是七百万年以来强烈的地壳运动形成的大面积凹陷，使得鲁中山西形成涝洼区，为微山湖形成创造了条件。微山湖成湖大致是在15世纪前后，与黄河南泛夺泗、夺淮以及京杭

微山湖的荷（程凯悦/摄）

大运河开挖有直接关系。汉朝，黄河多次南泛侵泗夺淮，但通过分流措施，得到了控制。南宋时期，黄河再次大规模南泛淮泗，其带来的大量泥沙在徐州以下至淮阴的泗水故道淤积成为地上河，在徐州以上的低洼地段滞积为南阳、独山、昭阳和微山等湖。元、明、清三代，在泗水运道实施引水济运措施，对南四湖的形成和演变也起到重要作用。随着人类活动干扰的不断加剧，以及湖区近几十年来的蒸发量的增加，湖泊总面积从1986年的1338.41平方千米减少到至今的1200平方千米左右。

南四湖湿地属于暖温带半湿润季风气候区，具有四季分明、雨热同期、光照充足、降水集中等特点，湖区自然环境独特，生物资源丰富，拥有植物195种，鸟类201种，两栖、爬行类16种，兽类13种。湖区常见的水生植物有：菹草、光叶眼子菜、穗状狐尾藻、金鱼藻、篦齿眼子菜、伊乐藻、苦草、狐尾藻、轮叶黑藻、芦苇、香蒲、莲、荇菜、水鳖、菱、槐叶苹等，但近四十年来，全湖水生植被优势种数量下降，结构发生改变，耐污物种菹草代替不耐污物种轮叶黑藻、微齿眼子菜等成为优势种；水生植物物种丰富度急剧下降，由74种下降至16种。

微山湖有国家重点保护野生动物24种，山东省重点保护动物44种。在《中日保护候鸟协定》227种中占有98种，《中澳保护候鸟协定》81种中占有25种。

由于南四湖流域社会经济的迅速发展，工农业废水与生活污水排量增加，导致南四湖水体水质逐渐恶化，呈轻度富营养化状态。但南四湖生态环境已受到重视，南四湖1994年被列入《中国重要湿地名录》和水禽栖息地恢复优先工程区，2000年又被纳入国务院颁布的《中国湿地保护行动计划》，2003年山东省人民政府正式批准建立"南四湖省级自然保护区"，2018年南四湖省级自然保护区获批为"国际重要湿地"。经过十多年坚持不懈的废水排放监管和流域治污，南四湖水体水质逐渐得到改善。

（执笔人：徐金英）

天下碧水第一美——山水画中千岛湖

在今天，"新安江水库"这个名字可能不够响亮，而作为国家AAAAA级旅游景区，"千岛湖"三个字已经扬名天下。世界上有三大千岛湖，分别是美国加拿大交界处圣劳伦斯河与安大略湖的连接河段、中国湖北黄石阳新县的仙岛湖以及浙江杭州淳安县的新安江水库。这三者中，新安江水库以1078个3亩以上面积的岛屿创造了世界之最，"千岛湖镇"也成为水库所在地的行政地名，既是实至，亦是名归。而更令人惊叹的是，这里的千岛奇景并非自然的造化神奇，而是劳动者凭借血肉之躯缔造的桑田沧海。

千岛湖，位于浙江省的母亲河钱塘江上游，是年仅62岁的一片人工湖，在中国众多的知名湖泊中只能算得上一个小宝宝，而这个与众不同的小宝宝，是浙江乃至整个长江三角洲地区的一份瑰宝。钱塘江古称浙，全名"浙江"，《汉书·地理志》曾提出浙江"水出丹阳黟县南蛮中"，《后汉书·地理志》又提出"浙江出歙县"，由于钱塘江干流各段随地异名，它的源头在安徽省黄山市境内称为新安江。新安江属山溪性常年河，沙少水清且河床比降大，从黄山市屯溪县到浙江建德市铜关峡谷仅170千米长的新安江河段，就形成了100米的天然落差。早在20世纪40年代，新安江蕴含的巨大水力发电潜力就受到国民政府关注。新中国成立后，为解决上海、杭州和南京地区的电力供应紧张，新安江水电站的建设被写入中国第一个五年计划，并在1957年4月正式动工。在新安江水电站建设过程中，近30万居民搬离水库区，舍小家为大家；上万名建设者从全国各地奔赴而来，昼夜施工克服重重险阻。作为新中国成立后第一座自主设计、自制设备、自行建造的大型水力发电站，这一工程也被誉为"长江三峡的试验田"。在全国齐心办大事的浓厚氛围下和无数建设者们的拼搏奉献中，1959年9月，最后一个导流底孔完成封堵，新安江水库开始蓄水；次年4月，第一台水轮机组投产发电。随着贺城和狮城2个县城49个乡镇、1399个自然村的39万亩耕地和85座山体被彻底淹没，一个面积580平方千米、蓄水位108米、总库容220亿立方米的新安江水库出现在新中国腾飞的蓝图之上，这就是今天的千岛湖，正所谓在人类的伟力下，高峡出平湖。这里产出的电力，不仅点亮了江苏、浙江和上海的千家万户和大小工厂，更为全国的经济发展注入了一股强劲动力。而水库生态圈的重新定位和稳定，也造就了这里秀美瑰丽的自然风光。1984年12月，新安江水库风景区经浙江省批复正式得名"千岛湖"。山峰险峻变岛屿千座，洪水迅猛入电网奔腾。追寻千岛湖的源头，我们不仅见到了老一辈建设者们为了新中国所作的奉献和牺牲，也见证了人类改天换地的勇气和追寻幸福生活的不懈奋斗。

千岛湖虽是人工湖，这里的景却不似在人间。其地处长江三角洲的腹地，东距杭州129千米、西距黄山140千米，占地面积982平方千米，陆地部分的森林覆盖率达81%，岛上森林覆盖率达93%。千岛湖四周多丘陵山地，经济发展相较江苏、浙江和上海平原地区而言不那么活跃，因此这里得以远离大部分工业污染。一个湖泊的水质，很大程度上与其担任的功能有关。伴随水力发电站的建成，航运业在这里早已销声匿迹。而作为整个长江三角洲地区的重要战略饮用水水源地，千岛湖向下游杭州和嘉兴1000多万人口供水，因此千岛湖的水质安全直接关系着民生，关系着饮水安全。作为国家森林公园，千岛湖水体常年保持着一类水质，能见度最高达12米，原新华社社长穆青曾为千岛湖题写"天下第一秀水"。水中有13科94种形态各异的鱼类资源；岸上有云豹、金钱豹、白颈长尾雉等国家一级保护野生动物5种，国家二级保护野生动物41种，鸟类90种，昆虫类1800种，两栖类12种，维管束植物1824种。整个千岛湖，宛如一个储藏丰富生物资源的自然银行。

千岛湖的美丽不是一蹴而就的，它的未来也不会一成不变。在强调生态文明建设的今天，如何让绿水青山变金山银山，成为新的时代命题。千岛湖所在的淳安县经济欠发达，在新的发展阶段，既承载着共同富裕的使命，又直接承担着千岛湖水生态安全保护的重任。除此之外，千岛湖的保护还离不开其上游安徽黄山市的全力配合，每年从安徽入湖的垃圾达10万立方米以上，且黄山市深渡镇污水处置设施基础较差。对生态保护的高要求并不能够直接带来经济上的变现，如何实现千岛湖的生态产品价值并惠及淳安、辐射上游地区，这不仅是浙江和安徽两省共同关心的话题，同时也是全国各大水系保护和治理者们所关心的问题。黄山市在2011年拉开了新安江流域生态保护补偿机制改革大幕，如今十年过去，改革试点向纵深推进。下一阶段，新安江—千岛湖生态保护补偿试验区的构想有望得到进一步推动。2019年9月，浙江省政府正式批复同意设立淳安特别生态功能区。2022年1月1日起，《杭州市淳安特别生态功能区条例》正式实施。这是全国首部生态"特区"保护法规，也是为千岛湖"量身定制"的保护法规。在世界格局大变化和国家发展进入新阶段的21世纪，千岛湖将为人类与自然的和谐共存提供更多可供参考的经验。

（执笔人：周文广）

中国的鱼米之乡——东部湖区

鸟瞰千岛湖

宝岛明珠第一湖——中国台湾日月潭

作为中国最大的岛屿，祖国宝岛台湾位于欧亚大陆板块东侧边缘，和菲律宾海板块交界。地质学研究认为，大约27000至18000年前，宝岛与大陆之间的海峡尚是陆地，随着板块边缘的挤压运动，逐渐形成了今天所见的"凹下去的"台湾海峡以及"凸起来的"台湾山脉。闽南一带流传着"沉东京浮福建"的传说，台湾岛也被认为是"浮福建"的一部分。台湾山脉长约360千米，海拔3000～3500米，其走势大致是南北方向，纵贯全岛，包括了中央山脉、玉山、阿里山和台东山，而在这条狭长山脉的中部，镶嵌着一颗璀璨的明珠——日月潭。

日月潭风光秀美，人文景观众多，潭中有一小岛，犹如珠走玉盘，故名珠仔屿。相传清代将帅丁汝霖领兵于此，见珠仔屿以北水域形似日轮，以南水域状如新月，遂命名为日月潭。

日月潭古称"水社潭"，又名"双潭"。高山族同胞称之为"龙湖"。清《台湾府志》载："水沙连（地名）四周大山，山外溪流包络，自山口入为潭。"又载"水沙连内有大湖，四面皆山，共24番社，隔湖负山而居，路极险峻"，故有"海外另一洞天"之美称。

日月潭由玉山和阿里山的断裂陷落盆地积水而成。湖面海拔（水位）726.8米，平均水深25米，最大水深27米，湖面面积近8平方千米。随着生态环境、经济社会和人口的发展变化，当地的自然风貌也发生着显著的变化。时光流转，日月潭这一大自然赠予的瑰宝，其功能也从天然水体逐渐向水利设施、风光景观转变。如今，湖面轮廓已不复原状，但仍可见两潭分别为日潭与月潭，珠子屿面积由原来的8平方千米缩减至1平方千米，并恢复其原名"拉鲁岛"。

日月潭四周群山环抱，林木苍翠。湖中碧波涟漪，游船点点，山湖相映，景色绝佳。台湾八景中的"双潭秋月"指的就是这里。

山腰湖畔寺庙楼宇甚多。北山腰有文武庙；潭南青龙山麓建有玄光寺；其后循石阶而上是玄奘寺，寺中小塔供奉着唐代高僧玄奘的遗骨。青龙山峰顶有一座9层45米高的慈恩塔。潭西有古朴典雅的涵碧楼和风采多姿的孔雀园。潭东水社大山高达2056米，朝霞暮霭，明月清晖，时或烟雨迷蒙，湖山隐约，环境幽谧，风光旖旎。这里是高山族聚居之地，由邵族等九族表演的土风歌舞兴盛至今。

准确来讲，今天的日月潭并非完全是一座天然湖泊，而是一个半天然半人工的湖泊。20世纪20～30年代日本殖民统治时期，日月潭当地曾修建水力发电工程，天然湖泊日月潭被加高堰堤成为水力发电站储水湖，水域面积从原先的4.55平方千米扩大至7.73平方千米，蓄水量从1800多万立方米增加近7倍。20世纪30年代日月潭水力发电工程建设完成后，台湾的工业化进程得到巨大助力。到20世纪50年代，日月潭的水电已经占据全台湾发电量的近70%。即使后来的火力发电迅速发展替代了水力发电，日月潭仍然是台湾地区水电输出的主力。

　　台湾岛上湖泊较少，日月潭为最。邓传安《蠡测汇钞》中写道："其水不知何来，潴而为潭，长几十里，阔三之一，水分丹碧二色，故名日月潭。"作为宝岛上最大的淡水湖泊，日月潭的重要性并不仅限于水力发电，她还有着重要的历史人文意义。1999年9月21日，台湾发生7.6级大地震，位于震中附近的日月潭受到严重波及。地震之后，为了检修水力发电设施，日月潭水位被人为下降，竟在无意中暴露了可追溯至新石器时代晚期的史前文明遗迹。除了与人类早期文明的形成息息相关，日月潭与原住民文化的演替亦息息相关。在台湾众多原住民族群之中，邵族与日月潭的关系最为紧密。邵族的文化根源及其祖灵信仰的圣地正是位于日月潭中央的拉鲁岛。在不同时代背景下，拉鲁岛被赋予了繁多的不同称谓，"拉鲁岛"是邵族赋予的名字，后来又被移居此地的汉族人称为"珠仔屿"，清末被洋人称为珍珠岛，台湾被日本占领期间又易名"玉岛"，抗日战争后再易名为"光华岛"，直至1999年9月21日大地震后，再次恢复了邵族对其命名"拉鲁岛"。这一名字的变迁历史，不仅见证了日月潭周遭人类社会的剧烈变化，也从一定程度上反映了宝岛台湾近代以来的命途多舛。

　　2021年春夏之际，我国东南沿海受到气候变化影响，出现雨水大幅减少的问题。而在宝岛台湾，这一问题更加严峻。由于雨水补充减少和水资源缺乏科学调度，日月潭地区出现了罕见的缺水困境。作为一个半天然水库，日月潭一方面需要维持水量以备随时发电，另一方面也担负着保障下游城市、农业用水的责任。然而，由于地方政府不作为，面对突如其来的供需矛盾并没有充分的应对方

日月潭景点九蛙叠像（左图为干旱时，右图为干旱前，邵盛熙/供）

案，直接导致了罕见的农业减产和城市缺水困局。日月潭对于台湾的重要性是多方面多层次的，正因如此，对于日月潭的生态保护与资源利用也应该是多方面多层次的。号称"海外别一洞天"的日月潭在华人世界的知名度毋庸置疑，作为一张金名片每年都吸引着海内外大量游客。在发展旅游业促进经济发展的同时，原住民文化的保护、区域居民的供水、更广泛地区的电力供应，这些不同需求的和谐统一需要极高的智慧和极强的行动力。

（执笔人：邵盛熙）

中国的鱼米之乡
——东部湖区

　　东北湖区主要分布在我国黑龙江、吉林和辽宁三省。整个湖区又可划分为东北平原湖泊群与东北山地湖泊群两大类型，拥有面积大于1平方千米的湖泊418个，总面积3722平方千米，分别占全国湖泊总数和总面积的15.8%和4.6%；其中，面积10平方千米以上的湖泊65个，合计面积3623.46平方千米。面积10平方千米以上的淡水湖泊19个，面积2290.75平方千米，面积较大的淡水湖有大兴凯湖、小兴凯湖、查干湖、镜泊湖等。本区山地为近代火山活动较频繁的地区，所以区内湖泊多与火山活动关系密切，如牡丹江上游的镜泊湖、德都县境内的五大连池。广袤的东北平原上有大片湖沼湿地分布，同时也发育了大小不一的小型湖泊，当地称之为泡子或盐泡子。

　　东北地区地处温带湿润、半湿润气候区，夏季短而温凉多雨，入湖水量颇丰；冬季长而寒冷多雪，湖泊封冻期长。

中国的冰湖之家
——东北湖区

各具特色
——东北平原冰湖群

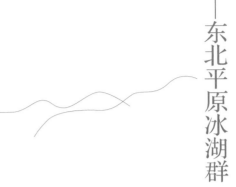

"棒打狍子瓢舀鱼，野鸡飞到饭锅里""捏把黑土冒油花，插双筷子也发芽"，这些耳熟能详的谚语正是对三江平原的生动写照。昔日的"北大荒"已经成为现在的"北大仓"，除了肥沃的黑土原因，还应归功于星罗棋布的大小湖泊群及河流等丰富的水资源。东北广袤的黑土地上分布着很多湖泊，当地人习惯称之为泡子，其中，面积1平方千米以上的湖泊418个，湖区总面积3722多平方千米。

享誉东方"夏威夷"——中俄边界兴凯湖

兴凯湖位于北纬45°20′、东经132°40′，距离黑龙江省密山市约35千米，在唐代被称为湄沱湖，以盛产"湄沱之鲫"驰誉，又因湖形如"月琴"，故金代有"北琴海"之称，清代改为兴凯湖。兴凯湖，"兴凯"是满语，意为"水从高处往低处流"，自汉代起就有东北游牧民族的居住记录。作为满族的龙兴之地，清初曾被"禁封"200多年。清末解禁后，陆续有垦荒者来到这里。20世纪50年代，王震将军率领十万官兵在此开发北大荒。

兴凯湖原为中国内湖，1860年《中俄北京条约》签

兴凯湖（文波龙/供）

定后，变成了中俄界湖。兴凯湖由大、小兴凯湖组成，两湖之间隔着一条长约90千米、宽约1千米的沙坝，并修建有集防洪、蓄水排涝、灌溉功能为一体的湖岗泄洪闸。小兴凯湖温柔恬静，鱼跃鸟飞，帆影点点；大兴凯湖烟波浩渺，天水一色，横无际涯，气势磅礴，兴凯湖被称为绿宝石。小兴凯湖完全位于我国境内，面积176平方千米。大兴凯湖为中俄界湖，俄罗斯称其为Khanka Lake（汗卡湖），在俄罗斯境内水面约为3140平方千米，而在中国境内水面为1240平方千米，是中国最大的边境淡水湖。兴凯湖湿地为东北亚最大的湿地分布区，2002年被列入《国际重要湿地名录》。

兴凯湖属地质构造湖，亿万年前由火山喷发、地形下陷、流水聚集而成。在晚白垩纪时期，受地质运动影响，兴凯湖地区分别沿三条断裂带开始断陷，由开始的链珠状湖泊合并成了三个稍大些的带状湖泊。古近纪中期，坳陷最先发育，带状湖泊逐渐加深，三处水域连成一片，形成广域的大兴凯湖。古近纪末，盆地开始抬升，广域的大兴凯湖湖水渐渐萎缩，到新世纪末及第四纪初，中央隆起带全面露出水面，将湖面隔成南北两湖，即为大、小兴凯湖。

　　兴凯湖长90千米，宽30千米，湖泊最深达10米，雨后湖面水面可升高2米左右，储水量达175亿立方米。水源补给来自东部和西部山地的众多溪流与穆棱河，共有9条河流注入，湖水从东北方溢出，通过东北部的松阿察河流出，经过乌苏里江，注入黑龙江。兴凯湖为乌苏里江

兴凯湖（文波龙/供）

水系的一部分，河流多呈"蛇曲地貌"。属于浅水湖，补偿流势弱，增水和减水现象明显，即受风力作用，迎风岸水位上涨，而背风岸水位下降，呈现湖面"倾斜"的奇观。大湖水质为国家地面水质标准Ⅰ~Ⅱ类水体，水质良好，基本未受污染。

气候年平均气温3℃，无霜期149天，年降水量为566毫米。湖面多年平均冰封期约150天。冰情变化与气温变化相应，11月末冰封，次年4月初开湖，冰厚0.84~1.14米。径流年内分配较均匀，年平均流量15.5亿立方米，占乌苏里江的3.1%，其中，冬季约占20%。

兴凯湖的开湖有"文开"与"武开"之分，可谓"能文能武"。"文开"是指随着气温渐升，厚厚的冰面慢慢融化，冰块悄悄消融。"武开"是气温回升时，在南风的作用下，厚薄不均的冰层会在一瞬间四分五裂，冰排涌动、互相碰撞，场面尤为壮观，每年都吸引着摄影爱好者前去捕捉美妙瞬间。

兴凯湖属中等营养化湖泊，生态系统属良性状态，共有鱼类7目15科48属66种，其中，最著名的是大白鱼和白虾，大白鱼学名翘嘴鲌，是兴凯湖特产，肉嫩味鲜，每条重在2.5~5千克。它体形颀长、鳍尾发达，有"游泳冠军"之称，与乌苏里江的大马哈鱼、绥芬河的滩头鱼并称"边塞三珍"，是中国北方淡水"四大名鱼"之首。另外，兴凯湖还盛产红鳍鲌、鲤鱼、鲫鱼、鳜鱼、鳊花鱼、哲罗鱼、胡罗鱼、狗鱼等65种鱼类，是黑龙江省主要水产养殖基地之一，号称东北"鱼米之乡"。

兴凯湖地处东北亚候鸟大通道，每年4月来自东南沿海、长江中下游、渤海湾，以及我国台湾、日本群岛、朝鲜半岛等越冬地的候鸟，翱翔几千千米北迁到兴凯湖，共有16目39科289种，高峰期日过往量达17万只。其中，有金雕、白肩雕、虎头海雕、白尾海雕、东方白鹳、丹顶鹤、白鹤、白头鹤、中华秋沙鸭等17种国家一级保护野生鸟类，55种国家二级保护野生鸟类。兴凯湖是中国第二大丹顶鹤繁殖地。

兴凯湖的植物资源共有3目104科460种，著名的有兴凯赤松、兴安桧等9种国家二级保护野生植物。兴凯赤松是生长在湖岗上的常绿针叶树，是介于赤松与樟子松之间在兴凯湖地区长期演化的自然杂交树种。兴凯赤松伟岸挺拔，迎风傲雪，能耐零下40℃低温。

湖水经松阿察河与乌苏里江相通。兴凯湖是一座集防洪蓄水、排涝、灌溉及旅游等多功能为一体的天然水体，1985年经黑龙江省人民政府批准建立兴凯湖自然保护区，1994年晋升为国家级自然保护区，主要保护对象为湿地生态系统和珍禽。2008年，兴凯湖国家级自然保护区被列为国家地质公园，并加入世界生物圈保护区。

有句俗语"夜看雾，晨看挂，待到近午赏落花"，说的就是兴凯湖的雾凇，也即松阿察河雾凇，这是大自然赋予的神奇礼物。雾凇俗称树挂，是在严寒季节里，空气中过于饱和的水汽遇冷凝华而成，森林、原野银装素裹，玉树琼花，是非常难得的自然奇观。松阿察河位于黑龙江东南部，是兴凯湖的唯一出口，也是乌苏里江源头之一，中国和俄罗斯的界河。因为兴凯湖冰层下暗流涌动，常有不冻的冰裂存在，当地人称为龙口，而松阿察河相当于整个冰封湖水呼吸的地方，常年不冻。这也是松阿察河流域经常出现天然雾凇的原因。此外，兴凯湖还有不经任何修

查干湖（李然然/摄）

饰、浑然天成的湖畔沙岗；能抵御零下40℃低温的国家
二级保护野生植物、兴凯湖特有树种——兴凯赤松；被吉
尼斯纪录列为"世界上最小的界河桥——白棱河桥"；中
国第一条湿地栈桥——九曲湿地栈桥，全程2400米；被
上海大世界吉尼斯总部确认的"中国最长的沙滩——兴凯
湖沙滩"；颇为壮观的一道景观"拉冻网"。

"咸淡相融"圣水湖——蜿蜒曲折查干湖

查干湖，原名查干泡，蒙语称查干淖尔，意为"白色
的湖"或"圣洁的湖"，中国第七大淡水湖。查干湖在宋、
辽时期被称为"大水泊""大渔泊"，明代被称为"拜布尔

察罕大泊"，后被称为查干泡、旱河，1983年吉林省地名普查时，正式被更名为查干湖。地理位置为东经124°03′～124°34′、北纬45°09′～45°30′，位于吉林省松原市前郭尔罗斯县西北部、霍林河末端，是吉林省内最大的天然湖泊，处于嫩江与霍林河交汇的水网地区，是霍林河尾闾的一个堰塞湖，受区域内构造运动的影响，呈现出东北及中央低、东南高和西南略高的特征。霍林河属于间歇性河流，无主河槽，丰水期汪洋一片，枯水期河道闭流，因此有"旱河"之称。一般情况下，查干湖最大湖水面积307平方千米，湖岸线蜿蜒曲折，周长达104.5千米，由新庙泡、马营泡、库里泡与查干湖主体连接而成。查干湖由东西两湖组成，中间有天然沙堤相隔，后建成人工堤将东西两湖彻底分开。东湖面积小，为淡水，深约4米；西湖面积大，为咸水，深约5米，东湖湖水向西湖补给。

查干湖地处东亚季风区，属北温带大陆性半干旱季风气候，区内干旱少雨，四季分明。年内温差和日温差较大，多年平均气温为4.5℃，每年冰封期约为130天。多年平均降水量为400毫米，年内变化较大，主要集中于6～9月，占全年降水量的80%左右。多年平均蒸发量为1400毫米，蒸发量夏季较大而冬季较小。区内年平均风速为3.0米/秒，偏西风为主，全年无霜期达到160天左右。

查干湖历史悠久，流传着很多神话传说及历史故事，比如，查干高娃故事、成吉思汗祭湖逸事、辽帝捺钵传奇等。查干湖是北方游牧民族的"圣水湖"，传说凡帝王祭祀查干湖神者，必定国运兴隆。自辽金以来，历代帝王都到查干湖"巡幸"和"渔猎"，举行"头鱼宴"和"头鹅宴"。2007年8月1日，查干湖经国务院批准为国家级自然保护区。查干湖是目前唯一仍保留蒙古族最原始捕鱼方式的地区，历史最早可追溯至史前时代，2008年查干湖以冬捕为标志的渔猎文化习俗被列入《国家级非物质文化遗产名录》。

查干湖盛产鳙鱼、鲤鱼、草鱼、鲫鱼、鲢鱼等68种鱼类，每年举办"中国－吉林查干湖冰雪捕鱼旅游节"和"中国－吉林查干湖蒙古族民俗旅游节"等民俗特色节日。著名的"查干湖冬捕"被誉为"冰湖腾鱼"，单网捕鱼最高产量达16.8万千克，被列入世界吉尼斯纪录。

"中华之最"鹤故乡——珍禽湿地扎龙湖

扎龙湖位于黑龙江省西部松嫩平原，乌裕尔河下游湖沼苇草地带。由于嫩江西移，其支流乌裕尔河不再注入嫩江，河水漫溢而成的一大片永久性弱碱性淡水沼泽区，由许多小型浅水湖泊和广阔的草甸、草原组成。沼泽地最大水深0.75米，湖泊最大水深达5米。距离齐齐哈尔市东南部约26千米，面积21万公顷。

扎龙湿地自然保护区筹建于1976年，以保护丹顶鹤等珍稀水禽及其赖以生存的湿地生态系统为主要任务。保护区规模为亚洲第一、世界第四，也是世界最大的芦苇湿地，1979年被黑龙江省政府批准为省级保护区，1987年晋升为国家级自然保护区，1992年被联合国教科文组织列入《世界重要湿地名录》，是中国最大的以鹤类等大型水禽为主体的珍稀鸟类和湿地生态类型的国家级自然保护区。扎龙国家级自然保护区属寒温带大陆性季风气候，年平均气温2~4.2℃，1月份平均气温-19.4℃，7月份平均气温22.9℃，极端最低气温达-43.3℃，极端最高气温达39℃。多年平均雨量470毫米，集中在6~8月。蒸发强烈，为降水量的3~4倍。扎龙国家级自然保护区为河湖相冲积地貌类型，泡沼广布，地势低洼平坦。扎龙国家级自然保护区有野生植物500种左右，兽类20种，鱼类53种，两栖动物7种，爬行动物3种，鸟类296种，其中，国家重点保护的野生鸟类就有35种，尤以鹤类居多，为世界所瞩目。据统计，全世界共有鹤类15种，中国有9种，而扎龙国家级自然保护区包括丹顶鹤、白鹤、白头鹤、白枕鹤、灰鹤、蓑羽鹤在内的就有6种之多，分别占世界鹤类的40%和中国的67%，是世界上所见鹤类种类

扎龙湿地的鹤

最多的地区，因此，被称为"鹤的故乡"。丹顶鹤是扎龙国家级自然保护区的主要保护对象之一，其体态隽逸、举止高雅，平均寿命60岁，被人们誉为长寿和吉祥的化身。此外，扎龙国家级自然保护区的鹤类和湿地被称为"双绝"，获得了两项"中华之最"的殊荣。

人鹤传奇——一个真实的故事

"走过这片芦苇坡，你可曾听说，有一位女孩，她留下一首歌……"这首20世纪80年代响彻祖国大江南北的歌曲，唱的是扎龙湿地养鹤人徐秀娟的故事，引出的是徐秀娟一家三代人用心血和生命接续保护丹顶鹤的事迹。

1976年，徐秀娟的父亲徐铁林参与筹建扎龙湿地自然保护区，成为扎龙湿地最早的鹤类保护工程师，他曾拒绝美国的高薪挽留，毅然把一生奉献给扎龙湿地的丹顶鹤们。其女儿徐秀娟，是中国第一位驯鹤姑娘，也是中国环境保护战线第一位殉职的烈士。大学毕业后，徐秀娟加入了丹顶鹤的保护行列。为解决丹顶鹤低纬度越冬区孵化问题，她受邀南下到江苏盐城自然保护区，在这里她单独饲养的幼鹤的成活率达100%。1987年9月16日，徐秀娟在自然保护区为寻找走失的两只丹顶鹤不幸滑进沼泽地，将生命定格在23岁。1996年，徐秀娟的弟弟徐建峰继承姐姐遗愿，在扎龙湿地继续护鹤事业，不幸于2014年4月19日殉职，年仅47岁。2016年，徐建峰的女儿——徐卓，大学毕业后再次接过护鹤的接力棒。从1976年到2022年，跨越46年，扎龙的丹顶鹤从濒临灭绝的100多只，到现在的400多只，三代人的努力，用真挚的爱和生命换来了丹顶鹤种群的延续。

塞北明珠"小奥地利"——"沈阳北海"卧龙湖

卧龙湖，原名西泡子，距离辽宁省沈阳城西北康平县城西1千米、沈阳120千米，位于"八百里瀚海"之称的科尔沁大草原南缘，是辽宁西北半干旱区向中部平原湿润区过渡的生态敏感带，具有抵御科尔沁沙漠侵袭沈阳市及辽宁中部城市群、调节沙化地区干旱气候、净化环境、补充地下水、调节水生态等重要作用。卧龙湖是由水面、沼泽、塘、湿草地、滩涂等组成的内陆型天然湿地生态系统区域，区域面积112平方千米（其中，水面面积64平方千米，滩涂面积48平方千米），湖岸线全长38千米，常量蓄水为7000万立方米，平均水深1.2米。湖面形成于中生代晚期白垩纪，古辽海缩水、河沙淤泥形成了沉积湖——卧龙湖，为松辽沉降带的一部分，距今有6700万年历史，是东北第二大、辽宁省最大的内陆平原淡水湖，有"沈阳北海""塞北明珠"之称，被誉为"小奥地利"。2001年5月，经辽宁省政府批准，卧龙湖成为沈阳市第一个省级自然保护区。

受蒙古高压气流影响，卧龙湖地区表现出较强的北温带大陆性季风气候：冬季严寒少雪，春季干旱多风，夏季温热多雨，雨量集中。多年平均降水量524毫米，降水一般集中在6~8月，年际变化大。全年多西南风，一年三季多风，春季多西南风，秋冬盛行西北风，年平均风速为4.6米/秒。年平均气温6.9℃，其中，1月平均气温-13.1℃，7月平均气温23.9℃。年平均蒸发量1964毫米，无霜期约156天。平均冻深1.3米，最大1.45米。卧龙湖的补给水主要靠东、西马莲河两条河流，两条河流主要流经内蒙古自治区境内，属季节性河流，洪枯流量悬殊，一年中绝大部分时间处于断流状态。

卧龙湖呈浅碟形，水体浅，只有两三米深，而且湖面大、水温高、水生物多。适宜的气候条件和优越的自然环境孕育了卧龙湖自然保护区丰富的物种资源。卧龙湖水域辽阔、植被盖度充分，物种丰富，是个天然生物基因库，为开展生态旅游以及科普教育提供了资源条件。卧龙湖自然保护区已记录的物种达817种，其中，维管束植物183种、浮游植物154种、浮游动物38种、鱼类36种、两栖类10种、爬行类16种、鸟类140种、兽类25种、昆虫类215种。丰富的生物多样性赋予了卧龙湖自然保护区一般景区无可比拟的旅游观光价值。

卧龙湖风景优美，春有湖水碧于天，夏有映日荷花别样红，秋有芦花流水蟹鱼肥，冬有银装素裹分外妖娆，一年四季皆是好风光，皆可游玩。卧龙湖的宝贵之处并非仅作为景点供人们游玩，而且它还是辽宁省的生态屏障、沈阳的"绿肺"，意义重大。

卧龙湖物产丰富，祖祖辈辈生活在湖边的百姓过着"耕田种地，三打一撸"的生活。"耕田种地，三打一撸"是指靠湖水灌溉种地，在湖里打鱼、打蒲草、打苇子，撸蒲黄（别名香蒲，一种中药）。

（执笔人：刘贵花）

火山神工蓝钻石——峰回流转镜泊湖

镜泊湖古称"忽汗海""必尔腾湖",到明代始称镜泊湖,"镜泊"意为清平如镜。镜泊湖是5000年前火山多次喷发后熔岩阻塞牡丹江古河床形成的火山熔岩堰塞湖,是中国面积最大、世界第二大高山堰塞湖,与瑞士日内瓦湖齐名,被评为世界地质公园、中国十佳休闲旅游胜地、全国文明风景旅游区示范点、国家级重点风景名胜区、国家AAAAA级旅游景区、国际生态旅游度假避暑胜地,曾接待多位国家领导人,被邓小平赞誉为"镜泊胜景",叶剑英有"高山平湖,风光胜江南"的评价。诸多伟人行踪墨宝也多有赞誉镜泊美景,赞诗如陈雷"褶曲湖山几复湾,云落清波若镜天",钱俊瑞"湖光山色绿黛敷,峰回流转湖连湖",鲁歌"人在镜中行,云影天光上下明"等。

镜泊湖位于黑龙江省宁安市西南部,湖区面积约95平方千米,平均深度40米。镜泊湖地处群山环抱之中,时而平如明镜,时而碧波荡漾,原始天然的山峦和高大的森林秀美无比,四季各有风情,春华含笑,夏水有情,秋叶似火,冬雪恬静。俯瞰镜泊湖,湛蓝的湖水与天

百里长湖——镜泊湖（陈守政/摄）

边相融，浑然天成，犹如蓝钻石般耀眼；近观镜泊湖，水质清澈，鱼群清晰可见，在国内淡水湖中极为罕见。

镜泊湖鱼类物种多样性丰富，有鲤鱼、胖头鱼、黄颡鱼、鳜鱼等。潜水探险者潜至镜泊湖黑龙潭可见，湖水清澈透明，光线充足，大量淡水鱼聚集游动形成了罕见的"淡水鱼风暴"，场面震撼。"淡水鱼风暴"现象得益于镜泊湖优越的湖区环境，其湖岸线绵长、水位较深、容量较大、饵料充足、生物承载力巨大等综合因素，使其成为大量鱼类的繁殖栖息地。每年3月左右，镜泊湖进入枯水期，此时蓄水量较少，而鱼群密度较高，是欣赏"淡水鱼风暴"的最佳时节。

镜泊湖11月下旬开始结冰，冰期长达5个月，冰层厚度0.5米以上。镜泊湖是著名的淡水鱼库，平静的冰层之下涌动着巨大的宝藏。冰天雪地是金山银山，作为满族先

民的发源地，镜泊湖流域的渔猎文化最早可追溯到辽金时期，冬捕是传承千年的渔猎文化，是镜泊湖严冬旅游的重头戏，曾创一网捕捞43万千克的世界吉尼斯纪录。镜泊湖充分发挥独特的冰雪之冠的资源优势，冬捕节吸引海内外广大游客前来赏玩。传统的冬捕是先由有经验的鱼把头选址，在冰层上凿出直径约1米的冰窟窿，将渔网缓放其中，而后静待鱼儿入网，收网时捕鱼者面露的喜悦和欢快的鱼儿相得益彰，热闹非凡。随着科技的进步，发动机已替代传统的牲畜拉网，然而，未变的是在此传承了千年的渔猎文化。

在古老的镜泊湖流域，镜泊湖相传存在"巨鱼"，近些年频有报道，给镜泊湖增添了神秘色彩。那么，"巨鱼"可能是什么？据《黑龙江年鉴》记载，被称为"巨鱼"的水生生物曾频繁出没镜泊湖。据悉，该生物在湖面游动

中国的冰湖之家——东北湖区

镜泊湖吊水楼瀑布全景（陈守政/摄）

时，露出水面的部分约5米长、0.5米高，脊背圆润，通体黑色。目前，有专家对"巨鱼"的真实性存疑，但根据鱼类名录来看，确实有些鱼类身长达米级以上，比如，哲罗鲑和狗鱼。特殊环境孕育独特物种，镜泊湖特殊之处在于地质结构以玄武岩、珍珠岩、花岗岩为主，地质学年龄古老，湖底有丰富的地热能。镜泊湖黑龙潭生境更加特殊，湖面从不结冰，并且水越深，水温越高。黑龙潭之所以不结冰，秘密在于湖底分布着不断喷涌的热泉。事实上，曾有潜水员发现黑龙潭底部存在"神秘世界"——巨大的水下洞穴，该独特的喀斯特景观在北方地区极为罕见，如

此特殊的湖底有可能形成"小生物圈"，并酝酿不为人知的生命奇观。虽然，"巨鱼"真实身份尚未可知，但是，人类在探索大自然的同时，应对未知现象充满敬畏，并用科学的方法去考证，相信"巨鱼"的真相终将被揭开，谜底等待新一代有志青年揭晓。

长白火口落碧玉——天池之水冬无冰

长白山天池古称"龙潭""海眼""温凉泊"等，据《长白山江冈志略》记载："天池在长白山巅为中心点，群峰环抱，离地高二十余里，故名为天池。"《东三省纪略》

中记载："山顶有潭，曰图们泊，译言万也，言万水之源也。"长白山是我国十大名山之一，1980年被联合国教科文组织归入了人与生物圈保护网，成为世界生物圈保留地之一；1986年，被国务院批准为国家级自然保护区；2006年，被国家首批提升为AAAAA级旅游景区。

长白山天池坐落于吉林省东南部的长白山国家级自然保护区内，水域面积9.82平方千米，平均深度为204米，最深处373米，是中国最深的湖泊，也是被上海大世界基尼斯总部公布为"海拔最高的火山湖"，其总蓄水量达20亿立方米。长白山天池是火山喷发形成的高山湖泊，是中国最高的火山口高山湖，是中国和朝鲜的界湖，位于主峰火山锥体的顶部，海拔2194米，由休眠火山口经过漫长年代，在雨水、雪水和地下泉水共同作用下积累而成。第四纪时期，大量熔岩喷溢形成了屹立于天池四周的16座山峰，陡峭火山口壁将天池环抱腹中，形成奇异的天池奇观。据史料记载，天池之水"冬无冰"，地壳之下的岩浆奔突，湖底分布有温泉群，孕育着巨大的能量，隆冬时节，水温保持在约42℃。天池孤悬天际，只有出口，没有入口，却千年不绝地外流不息，倍加神秘，湖水主要依赖湖面降水和地下水补给。天池之水仅在天豁峰与龙门峰之间的一道狭缝飞泻而下，流经乘槎河，以68米的高差悬崖跌水形成了震撼的长白山大瀑布。天池是松花江、鸭绿江以及图们江的发源地，素有"三江之源"的雅称。

天池美景名扬天下。在中国境内，可从南、北、西方向登顶观赏天池，从北坡远眺，天池像"竖立的鸡蛋"，从西坡眺望，天池像"躺卧的鸡蛋"。登顶可见16座山峰临池巍峨耸立，气势恢宏，簇拥着一潭清澈碧透的天池之

长白山天池（翟东润/摄）

水，波光峦影，湖水在晴空的映照下深邃幽蓝，犹如瑰丽的碧玉镶嵌在雄伟的群峰之中，格外迷人。天池海拔较高，天池上空气候多变，流云急雾变幻莫测，时而云雾飘逸，细雨蒙蒙，时而云收雾敛，天朗气清，绘出"水光潋滟晴方好，山色空蒙雨亦奇"的绝妙景观。天池全年三分之二的时间被云雾笼罩，若隐若现，游客未能一览天池真容实属常态。然而，夏季能观赏到天池的概率较大，届时，火山坡面茵茵芳草，第四纪冰川时期的长白山越橘、松毛翠等争相绽放，与湖畔相得益彰。女真祭台西侧傲立池畔的"探池松"，已默默守护天池100余年，堪称天池一绝。

火山腹地阻河道——五大连池串翠珠

1719—1721年，火山喷发，熔岩阻塞白河河道，形成5个互连的湖泊，分别是莲花湖、燕山湖、白龙湖、鹤鸣湖和如意湖，组成串珠状的湖群，因而得名五大连池。五大连池荣获世界级桂冠三项：世界地质公园、世界人与生物圈保护区、国际绿色名录。五大连池还荣获国家级荣誉20余项：国家重点风景名胜区、国家AAAAA级旅游景区、国家级自然保护区、国家森林公园、国家自然遗产、中国矿泉水之乡、中国著名火山之乡等，圣水节在2010年被批准为国家非物质文化遗产。

五大连池位于黑龙江省黑河市五大连池市，地处小兴安岭山地向松嫩平原的过渡地带，景区总面积1060平方千米，5~9月是最佳游赏季节。五大连池有植物618种，野生动物397种，在同纬度地区中生物多样性丰富，成为生态演变过程中大自然顽强的生命力见证者，是世界上研究物种适应和生物群落演化的理想之地。

莲花湖（一池）是五大连池的第一个湖泊，又称头池，是五大连池唯一生长睡莲的天然湖泊，在五湖中面积最小，面积约0.117~0.187平方千米。该湖景致别具特色，夏季湖中睡莲绽放，冬季波涛汹涌的溢出口在地处高寒地区的北国堪称奇观，火山熔岩礁石与秀水相融，正如赞诗"婉曲玲珑画中游，龙岩秀水两相投，堰湖溢口涛澎湃，睡莲香沁梦幽幽。"

燕山湖（二池），又名大雷池，由于紧抱燕山期古岛，所以被称为"燕山湖"，面积2.5~7.5平方千米。二池独具特色之处在于：此处是五池中看朝霞最理想的场所；夏秋两季的清晨，后面雾气缭绕，平均水温达30℃；是大胖头鱼最为集中的水域，成为远近闻名的天然养殖场。

白龙湖（三池），水域面积最大，丰水期可达21.5平方千米，最深处可达36米以上。开阔的水面倒映着14座火山，夏季"群山倒影"，冬天"三池冰断"，景色十分优美。三池景观最多，传说众多。白龙湖是重要的"地质界湖"，湖区西岸是新期火山熔岩地貌，东岸是远古泥沙岩地貌，两岸穿越亿万年时光隧道，风光各异，可谓"一湖二景"。民间称其为"传奇湖泊"，有湖怪之谜、暗河之谜、冰断之谜、湖底金沙之谜，还有黑龙白龙传说、蛤蜊城的故事、连池仙子的神话。

鹤鸣湖（四池）坐落于苇塘中央，背靠世界奇观喷气锥碟，面对古老石塘。以苇塘观鹤和环境幽静闻名，湖岸水草丛生，香蒲、芦苇、菱角等挺水植物长势茂密。池中鱼类物种丰富，盛产鲫鱼，可以乘船垂钓。野生水鸟白鹤、丹顶鹤常常双栖双飞筑巢产卵，是不可多得的夏季野营区，当静静地坐在对面湖畔古石塘之上，闻着浓浓的草香，听着远近仙鹤的鸣叫，一定会深深爱上这个火山世外桃源、美丽鹤之乡。

　　如意湖（五池）水域面积约10.5平方千米，站在黑龙山远眺，其像一支"玉如意"。此处是五大连池全水系的源头汇集地，然而，这里却既没有河道流入，也没有明溪巨泉，甚是奇妙。另外，令人奇怪的是，这里常无风起浪，惊涛拍岸，浪头使人无法驾船。湖中盛产"三花五罗"①，湖岸长滩是最理想的天然浴场，诗人赞曰"仙岩锁镇白龙头，欲不罢休也罢休。任你无风三尺浪，不计旱涝保丰收。"

（执笔人：丛明旸）

中国的冰湖之家
——东北湖区

---

① 三花五罗指鳌花、鳊花、鲫花、哲罗、法罗、雅罗、胡罗、铜罗，是黑龙江省境内著名的淡水鱼类资源。

　　蒙新高原和黄土高原地域辽阔，横跨我国的西北、正北和东北，行政区划上包括新疆、内蒙古、甘肃、宁夏、陕西和山西等省（自治区）。在这片广袤的内陆土地上点缀着星罗棋布的大小湖泊，全区拥有面积大于1平方千米的湖泊总共514个，合计面积16400平方千米，约占全国湖泊总面积的20.1%，湖泊率为0.6%。其中，面积大于10平方千米的88个，合计面积11307.7平方千米。

　　蒙新高原地处内陆，大部分区域处于东南季风的边缘，季风降水量则是影响本区湖泊演化的主导因素，降水不丰，气候干旱，但潜水却易于向汇水洼地中心集聚，从而形成众多的内陆湖泊。湖泊一般占据着构造洼地的最低洼部分，成为盆地的汇水中心和河流的尾闾，这里由于地表径流补给水量少而蒸发量大，湖水不断浓缩而发育成闭流型的咸水湖或盐湖。

中国的盐湖之家
——蒙新高原湖区

神州明珠——湖泊湿地

苍天的厚爱馈赠
——内蒙古高原上的明珠

内蒙古高原内陆湖泊众多，分布广泛，相对集中，是苍天的丰厚馈赠。这里约有湖泊1003个，其中，面积小于1平方千米的湖泊有380个，面积大于和等于1平方千米的湖泊有623个；面积大于100平方千米的湖泊仅有9个，而小于100平方千米的则有994个，主要是小型湖泊。这里最大的湖泊是呼伦湖，湖面积为2000多平方千米；第二是贝尔湖（中蒙界湖），湖面积约为610平方千米；第三是西居延海，湖面积为260多平方千米；第四是乌梁素海，湖面积约为230平方千米；第五是岱海，湖面积约为153平方千米。从湖泊数量上来看，内蒙古高原的湖泊仅次于青藏高原。

中国第五大淡水湖——草原明珠呼伦湖

呼伦湖又称达赉湖、呼伦池，位于内蒙古高原东部呼伦贝尔市的西边，是中国第五大淡水湖、内蒙古高原第一大湖。因地处呼伦贝尔大草原腹地，故其有"草原明珠""草原之肾"的美称。

该湖呈东北—西南走向，长约80千米，宽30～40

呼伦湖的壮丽景观

千米，湖面积2237.5平方千米，平均水深5.7米，湖面海拔545.9米。呼伦湖补水主要靠东南部的乌尔逊河和西南部的克鲁伦河，这两条河均为额尔古纳河的支流，故属于额尔古纳河水系；也由大气降雨和地下水补水。湖水pH为8.5，矿化度小于1克/升，泥沙少，水质优良，是内蒙古最大的水产基地，盛产鱼虾，有鲤鱼、哲罗鱼、狗鱼等，最高年产鲜鱼1万吨以上；秀丽白虾，别名湖虾，是该湖的特产，因体色洁白透明，体态秀丽而得名。

　　早在1986年，呼伦湖就被列为新巴尔虎右旗的自然保护区；1992年晋升为国家级自然保护区；2015年正式命名为内蒙古呼伦湖国家级自然保护区。该保护区总面积达7400平方千米，由湖泊、河流、河漫滩湿地及草原、沙地等组成，其中，呼伦湖湿地面积约是3668平方

中国的盐湖之家
——蒙新高原湖区

千米。湿地价值最重要的是生态价值，有学者研究指出，呼伦湖湿地单位面积生态服务功能价值为12.8万元/公顷，总价值为471.3亿元，这远高于其他方面的价值。

呼伦湖湿地是北方干旱、半干旱区的绿色希望，她不仅滋养着久负盛名的呼伦贝尔草原，也防止呼伦贝尔沙地的恶化，更是众多野生动物栖息、繁衍的乐园，候鸟迁徙的驿站，同时也为祖国北方筑起了一道生态安全屏障。正如内蒙古呼伦湖国家级自然保护区管理局的湿地守护者所说："呼伦湖不仅是呼伦贝尔的呼伦湖，也是内蒙古的呼伦湖、中国的呼伦湖，其国际生态地位显赫，我们要像保护眼睛一样保护好呼伦湖，使呼伦湖更加美丽。"

黄河改道河迹湖——乌梁素海红柳美

乌梁素是蒙古语，意为"生长红柳①的地方"；海，指湖泊；乌梁素海，蒙古语意为"红柳湖"。

乌梁素海位于内蒙古高原中部偏西河套平原的东端、巴彦淖尔市乌拉特前旗境内。其是中华民族的母亲河——黄河流域最大的淡水湖、内蒙古高原第二大淡水湖，且被列入《国际重要湿地名录》。乌梁素海的湖面海拔1019米，长35~40千米，宽5~10千米，湖面积约293平方千米，平均水深5.7米，湖水pH为8.1~8.9，矿化度从20世纪50年代小于0.8克/升，经过30年就已达到7.68克/升，且呈逐年升高的趋势。

乌梁素海系黄河改道形成的河迹湖，是黄河流域最大的功能性湿地。因其周围有两大沙漠，即西边的乌兰布和沙漠和南部的库布齐沙漠，所以乌梁素海是中国"两屏三带"②中"北方防沙带"的重要组成部分，对该地区的生态环境、生物多样性、候鸟栖息地及沙漠化防治等都起着举足轻重的作用，有黄河中上游地区生态安全"自然之肾"的美誉。

---

① 红柳是多枝柽柳（*Tamarix ramosissima*）的别名，为柽柳科柽柳属灌木或小乔木。
②"两屏三带"是中国构筑的生态安全战略，"两屏"是指"青藏高原生态屏障"和"黄土高原—川滇生态屏障"；"三带"是指"东北森林带""北方防沙带"和"南方丘陵山地带"。

其湖水的来源主要靠河套灌渠农田退水，其次是雨水，直接流入乌梁素海的除乌加河外还有3条干渠及数条排水沟。据估算，每年河套灌渠农田退水补给量占59%；降雨占25%；黄河倒漾水和地下水等占16%。但从2013年起，黄河每年直接向乌梁素海生态补水，且逐年增加补水量；在2022年早春，乌梁素海生态补水还通过黄河分凌来完成，真是一举两得。

黄河的泥沙含量高，但流经灌溉区，水缓沙沉，泄入湖中的泥沙不是很大，故湖水基本清澈，透明度大。乌梁素海是内蒙古第二大水产基地，其水产除了几种放养的长江鱼类外，基本上与黄河中上游的相同，主要鱼类有鲤鱼、鲫鱼等，其中，鲤鱼最多且驰名全国。此外，这里碧波荡漾、苇蒲茂密、水阔鱼肥、候鸟翻飞，素有"塞外江南"之称，现已是远近闻名的旅游胜地。

黑河尾闾汇成湖——"沙漠之肾"居延海

居延海位于内蒙古高原巴丹吉林沙漠西北部、阿拉善盟额济纳旗境内，靠近中蒙边境。"居延"是西夏语，意为"流动的沙漠"。居延海是一个因地壳运动而形成的大构造湖，受气候持续干旱和人类经济活动的影响，在清代年间湖面缩小分为东西两个湖泊，西边的称为西居延海，东边的称为东居延海，两湖相距约30千米，水源主要来自发源于祁连山中段北麓的黑河，故为黑河的尾闾湖。西居延海（嘎顺淖尔，蒙古语意为"苦海"），地理坐标为北纬42°26′、东经100°44′。由于气候干旱，湖水蒸发量大，碱性大且有毒，水质不良，色青黑，水苦，人畜禁饮，故而得名。其湖面积约260平方千米，湖岸呈缓坡状，沿岸5~10千米为沼泽地带，除湖底有菌藻类外，无其他生物，沿岸只生长少量的红柳和芦苇，整个景象颇为荒凉，是荒漠草原上的一块处女地。东居延海（苏泊淖尔，蒙古语意为"母鹿湖"），地理坐标为北纬42°18′、东经101°15′，湖面积约40平方千米。据这里的渔场工人说，20世纪50年代，湖水人畜都能饮用，但到1959年末1960年初，湖水蒸发量大，以致湖水苦咸，常随风能嗅到硫化氢的气味，因此人畜不再能饮用，鱼类也不能生存。受上游农田和牧场的灌溉、水的渗漏和蒸发以及降雨量少的影响，流入两湖的水量不多，曾经有一段时间河水断流而干涸，变成了"沙湖"，据说十几里外就能闻到臭鱼烂虾味。2000年，通过对黑河上游水资源的统一调度，

东居延海（乔辰/摄）

额济纳河岸胡杨林（乔辰/摄）

开始从黑河引水。2002年，干涸11年后的东居延海重新获得引水。2003年，西居延海也结束了长达42年的干涸，因此有人说，"西居延海'渴'了数十年'喝'上了黑河水"。从此，居延海才又逐渐恢复原有的生机，莺飞燕舞，碧波荡漾，天水一色。

　　居延海湿地位于巴丹吉林沙漠边缘，是额济纳生态安全的"保护神"，也是"沙漠之肾"，其重要性不言而喻。这里曾有过辉煌的历史，《居延汉简》记录了秦汉时期的居延文明；黑城（蒙古语意为"哈日浩特"）是西夏王朝设在北部边境的一座军事城堡和戍防要塞，也是"丝绸之路"上现存最完整、规模最宏大的古城遗址；世界仅存的三大胡杨林之一——额济纳胡杨林也与居延海湿地比邻成长。居延海湿地和千姿百态的胡杨林、柽柳、沙枣等其他植被，共同构筑着额济纳绿洲。但绿洲的存在离不开水，西居延海干涸40多年，胡杨林等植物濒临枯死就是一面反面镜子，让我们牢记：人和自然的和谐相处才是千秋大计。

现在，每年金秋10月，额济纳人气最旺，国内外的旅游者纷至沓来，看居延海观日出、领略胡杨的三千年情怀、一睹大漠奇观。

沙漠明珠倍珍贵——吉兰泰盐湖盐成沙

吉兰泰盐湖（吉兰泰盐池）位于内蒙古高原西部阿拉善盟阿拉善左旗境内，地理坐标为北纬39°45′、东经105°42′，且与两大沙漠相邻，东北方向是乌兰布和沙漠，西南方向是腾格里沙漠，盐湖面积约120平方千米，是中国西北荒漠地区重要的内陆湖盐生产基地，也是饱受沙漠危害最严重的盐湖之一。

"踏上吉兰泰的土地，吹来的风是咸的，道路也是用盐铺的，走进吉兰泰便进入了一个银白的世界"，这是对吉兰泰盐湖的真实写照。其沉积物主要是石盐（NaCl），此外还有芒硝、石膏等，其中，石盐储量1.1亿吨，已有200余年开采历史。1953年，这里成立了国营吉兰泰盐场，后又扩建成内蒙古第一座机械化大盐场。吉兰泰盐场的辉煌基于盐湖，故吉兰泰盐湖是沙漠中一颗璀璨的明珠。

在20世纪60年代初期，此盐湖还存在0.1~0.2米的湖表卤水，但仅仅过了30多年，就已经成为干盐湖。20世纪末又发现，在湖盐开采中出现晶间卤水水位不断下降，流沙不断入湖的现象，故推测其有快速发展为沙下湖的趋势。为了延缓这种趋势，对盐湖区的生态保护刻不容缓，一是保护天然植被群落；二是不断建设与完善已有的防风固沙林体系等。

"中国天然碱工业的摇篮"——鄂尔多斯碱湖群
鄂尔多斯高原盐湖主要沉积物是天然碱，其主要成分是小苏打和碳酸钠，故称这样的盐湖为碱湖。这里气候干燥，风力较强，碱湖以风蚀洼地形成的为多数，且以浅小居多，最终形成了众多天然碱等沉积的碱湖。这些碱湖主要分布在毛乌素沙地和库布齐沙漠中，约占鄂尔多斯高原总面积的2/3，是内蒙古高原最大、最密集的天然碱湖分布区。夏季时，碱湖湖水碧波荡漾，犹如撒在大漠之中的蓝宝石；冬季时，卤水浓缩，碱湖一片白茫茫。当地至少有7个被称为察汗淖尔的碱湖，察汗淖尔系蒙古语，意为白色的湖。也有的碱湖已被沙覆盖，成为"沙下湖"，尤其是一些小的碱湖。

乌审旗合同察汗淖（乔辰/摄）

鄂托克旗察汗淖（乔辰/摄）

　　这里的碱湖成群集中分布，有合同察汗淖碱湖群、察汗淖碱湖群和白彦淖碱湖群等。合同察汗淖碱湖群包括10余个大小碱湖；察汗淖碱湖群有7～8个碱湖；白彦淖碱湖群有5～6个碱湖。这些碱湖中有的已成为干碱湖或被风沙掩盖成为沙下湖。这里最大的一个碱湖是合同察汗淖，地理坐标为北纬39°45′、东经105°42′，面积22平方千米，水深0.3～1.0米；此外，察汗淖、白彦淖和哈马太淖等也都是颇为有名的天然碱湖。

　　鄂尔多斯有中大型碱湖6个、中型碱湖1个，探明天然碱储量6000多万吨，工业储量690.5万吨，是中国北方重要的碱化工基地，印证了早在20世纪50年代初期中国著名化学家侯德榜先生称鄂尔多斯是"中国天然碱工业的摇篮"。改革开放以来，借着资源优势，小的化工厂在碱湖畔生产日晒碱，大的建厂进行工业化生产。值得一提的是，1984年合同察汗淖建厂生产重质纯碱，1987年生产能力接近3万吨。经过几十年的开采，这些碱矿进入了尾矿期，近年来陆续关停，但曾经的辉煌仍留在了人们的美好记忆中。

（执笔人：乔辰）

中国的盐湖之家
——蒙新高原湖区

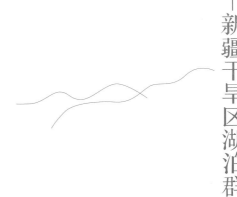

远离尘世的泪珠
——新疆干旱区湖泊群

新疆地处中亚干旱地区，地域辽阔，地质构造复杂，以深大断裂为分界线形成了山地、盆地等不同地貌单元，地形高差大。受地貌及气候影响与控制，新疆分布了类型众多的湖泊。区内大于1平方千米的湖泊总数为137个，面积为5072平方千米，占全国湖泊总面积的7.1%，大于10平方千米的湖泊总数为32个，面积为4828平方千米。按湖泊盐度分，从淡水湖到半咸水湖、盐湖、干盐湖均有分布。新疆地区湖泊主要由山地降水和冰雪融水通过河流补给，湖泊多为河流的尾闾。由于气候长期干旱，水体蒸发量大，平原地区的湖泊多为咸湖，河流湖泊多为封闭水系。

新疆最大咸水湖——艾比湖

艾比湖是新疆最大的咸水湖，是准噶尔盆地最大的湖泊。漠西蒙古语称为艾比淖尔，艾比即向阳，淖尔即湖，艾比湖即朝阳湖。

艾比湖位于精河县城以北35千米处，西与兰新铁路精河到阿拉山口段相邻，向北行35千米，即到阿拉山口，东为甘家湖梭梭林国家级自然保护区。博尔塔拉河、精河、奎屯河，分别从西、南、东三个方向注入艾比湖，成为湖水的主要来源。湖面呈椭圆状，面积650平方千米，水深平均2~3米，湖面海拔189米。

艾比湖湖区属中温带大陆性干旱气候，年平均气温7.8℃，1月平均气温-16.0℃，极端最低气温-36.4℃（1955年1月3日）；7月平均气温25.0℃，极端最高气温41.3℃（1987年7月31日）；多年平均无霜期190天，日照时数2722.6小时；降水量90.9毫米，最大年降水量163.9毫米（1958年），最小年降水量28.5毫米（1957年）；蒸发量1662毫米。湖盆西北部为著名的大风口——阿拉山口（又名准噶尔门），全年大风日数164天，最多185天，最大风速55.0米/秒。

湖面面积1200平方千米，如今萎缩至500平方千米左右，湖滨地区荒漠化程度加剧，成为中国西部沙尘暴主要策源地之一，直接威胁到天山北坡经济带的可持续发展和新亚欧大陆桥的安全运行。

新疆的夏威夷——博斯腾湖

博斯腾湖，又名巴喀刺赤海，蒙语称"博斯腾尔"，维吾尔语称"巴格拉什库勒"，意为"绿洲"，古代称"西海"，《汉书·西域传》中的"焉耆国王至员渠城，南至尉犁百里，近海水多鱼"中的"近海"、《水经注》中的"敦薨浦"，均指此湖。博斯腾湖位于中国新疆维吾尔自治区焉耆盆地东南面博湖县境内，是中国最大的内陆淡水吞吐湖。

碧波万顷，水天一色，景色壮丽的博斯腾湖是中国最大的内陆淡水湖。水位1048.00米时，湖面面积为992.2平方千米，湖长62.8千米，湖宽15.8千米，最宽处可达35.2千米，最大水深16.5米，平均水深8.08米。湖区深居欧亚腹地，光照充足，热量丰沛，雨量稀少，属典型的温带大陆性气候。

博斯腾湖属于山间陷落湖，主要补给水源是开都河，同时又是孔雀河的源头。博斯腾湖的湖体可分为大湖区和小湖区两部分，大湖的面积近千平方千米，小湖的面积仅有百余平方千米。《隋书》记载此湖有"鱼、盐、蒲、苇之利"。湖区周围生长着大片茂盛的芦苇，是中国重要的芦苇生产基地。此外，博斯腾湖盛产各种淡水鱼，是新疆最大的渔业生产基地。

博斯腾湖是开都河、清水河、黄水河和乌什塔拉河的归宿，又是孔雀河的源头。孔雀河自博斯腾湖西南流出经过库尔勒市、尉犁县城，辗转向东一直注入罗布泊。

大西洋最后一滴眼泪——赛里木湖

赛里木湖是新疆大西洋暖湿气流最后眷顾的地方，被称为"大西洋的最后一滴眼泪"，也是古丝绸之路上的一颗璀璨明珠。

赛里木湖位于新疆博尔塔拉蒙古自治州博乐市境内，深藏于巍峨的天山西部科古尔琴山脉之中，准噶尔盆地西南端，东距新疆博乐市100千米、阿拉山口150千米、奎屯市330千米、乌鲁木齐520千米，南距伊犁州府伊宁市160千米、霍尔果斯口岸86千米。湖面水位海拔2071.9米，呈椭圆形状，东西长30千米，南北宽23.4千米（最大宽27千米，平均宽15.1千米），面积453平

新疆赛里木湖

方千米，最大水深86米，蓄水量达210亿立方米。湖水清澈透底，透明度达12米。明镜般的湖水被群山环抱，犹如一颗硕大的翡翠宝石镶嵌其中。

赛里木湖古称"净海"，又名"三台海子"，以湖东岸三台（即鄂勒著依图博木军）而得名，系哈萨克语译名，为"祝福"之意，以祈求古丝绸之路上的行人一路平安！

赛里木湖位于伊犁盆地谷地，是天山造山带中的山间盆地，与其直接邻接的南北构造单元分别为哈尔克—那拉提中、南天山板块间的早、中古生物带碰撞造山带（简称哈—那带）与科古琴—波罗特奴早、中古生代造山带（简称科—博带），在大地构造上属于天山造山带中的伊犁—中天山微地块。

赛里木湖水源主要来源于大气降水和湖周山地坡面径流，湖区周围年降水超过500毫米。

赛里木湖浮游生物共计19种，其中，原生动物6种，占31.6%；轮虫类8种，占42.1%；枝角类3种，占

15.8%；桡足类2种，占10.5%。原生生物主要包括侠盗虫、钟形虫、裸口虫；轮虫种类中有巨腕轮虫、狭角轮虫；枝角类常见种类为西藏拟蚤；桡足类常见种类为镖水蚤。湖水中浮游动物的生存为养殖鱼类提供了必要的条件。

赛里木湖原本没有鱼，1998年从俄罗斯引进高白鲑、凹目白鲑等冷水鱼养殖，2000年首次捕捞成品鱼，结束了赛里木湖不产鱼的历史。经过十年的发展，赛里木湖已成为新疆重要的冷水鱼生产基地。

宜人的气候和丰美的水草，使这里自古以来就是优良的夏牧场。横贯北疆的312国道沿湖南岸蜿蜒伸展，这里历来为军事与交通要冲。清嘉庆年间，洪亮吉路经该湖时，誉之为"西来之异境，世外之灵壤"。

吐鲁番的眼睛——艾丁湖

艾丁湖，旧称觉洛浣，位于新疆维吾尔自治区吐鲁番市高昌区，在吐鲁番市东南30千米，是吐鲁番盆地的最低处，也是中国海拔最低的湖泊。艾丁湖系维吾尔音译名，意为月光湖，以湖水似月光一般皎洁美丽而得名。吐鲁番盆地为中国天山东段南侧封闭性山间盆地，艾丁湖为吐鲁番盆地地表径流的归宿点。

艾丁湖湖盆内为第四纪冲积、风积和湖积砂砾石，粉砂黏土和盐类化学沉积所覆盖。湖面比海平面低154.31米，湖底最低处达-161米。面积245平方千米，其中，仅在西部入湖河口附近尚有湖表卤水，80年代中期面积约5平方千米，最大水深为0.5米。湖区属温带大陆性荒漠干旱气候，年平均气温14.2℃，极端最高气温47.7℃，河流供水缺少，湖水长年不断蒸发，湖面日益减缩，2010年仅剩0.5平方千米，到2016年1月已基本干涸，湖区裸露盐化面积达90平方千米。

距艾丁湖不远处，是火焰山西侧的一条峡谷（在吐鲁番县城东北11千米处），即闻名遐迩的吐鲁番葡萄沟，沟的两侧山坡上虽寸草不生，但沟里却绿树成荫，葡萄架成片，加上潺潺流水，座座新房，一片旖旎风光。

瑶池美名誉天下——天山天池

天山天池古称"瑶池"，是古代冰川泥石流堵塞河道形成的高山湖泊，位于新疆阜康市境内天山东段最高峰博格达峰的半山腰，东距乌鲁木齐110千米，海拔1980米，湖面呈半月形，南北长3.5千米，东西宽0.8~1.5千米，最深处105米，面积约4.9平方千米，是世界著名的高山湖泊。天池湖水清澈，晶莹如玉，四周群山环抱，绿草如茵，野花似锦，有"天山明珠"盛誉。

天池是古冰川运动的杰作，属于冰碛湖。地球上第四世纪以来的冰川运动共有四次，天池的形成大致可划分为三个阶段。经三次堆积后，在群山中形成了一个封闭的洼地堵塞了冰雪融水和高山降水，终碛垄高达286米，就这样诞生了美丽的天池。

天池共有三处水面，除主湖外，在东西两侧还有两处水面，东侧为东小天池，古名黑龙潭，位于天池东500米处，传说是王母娘娘的洗脸处。潭下为百丈悬崖，有瀑布飞流直下，恰似一道长虹从天而降，煞是壮观，成一景曰"悬泉瑶虹"。西侧为西小天池，又称玉女潭，相传为西王母洗脚处，位于天池西北两千米处。西小天池状如圆月，池水清澈幽深，塔松环抱四周。如遇皓月当空，静影沉璧，清景无限，因而也得一景曰"龙潭碧月"。池侧也飞挂一道瀑布，高数十米，如银河落地，吐珠溅玉，景称"玉带银帘"。池上有闻涛亭，登亭观瀑别有情趣。眼可见帘卷池涛，松翠水碧；耳可闻水击岩穿、声震裂谷。

湖滨云杉环绕，雪峰辉映，非常壮观，为著名的避暑和旅游地。天池成因有古冰蚀—终碛堰塞湖和山崩、滑坡堰塞湖两说。天山天池，雪峰倒映，云杉环拥，碧水似镜，风光如画。

片水无痕浸碧天，山容水态自成图——天鹅湖

新疆巴音布鲁克天鹅湖位于巴音布鲁克草原珠勒图斯山间盆地，海拔2000～2500米，是一个东西长30千米、南北宽10千米的高山湖群，面积300多平方千米。湖区面积1000多平方千米，由几百个互相通连的浅水湖沼组成，是镶嵌在草原中央的一颗璀璨明珠。

天鹅湖地势平缓。流水回环曲折，水量充沛的开都河贯穿其间，形成九曲十八弯。天鹅湖实际上是诸多河曲、湖泊、浅水滩和沼泽的集合体。

天鹅湖四周为冰山雪峰所环抱，湖水是由天山冰雪融水汇聚而成。连绵的雪岭，耸入云霄的冰峰，构成了天鹅湖的天然屏障。泉水、溪流和天山雪水汇入到湖中，水丰草茂，食料丰足，气候凉爽而湿润，适合天鹅生活，每当春天来到，冰雪消融，万物复苏，大批天鹅从印度和非洲南部成群结队地飞越崇山峻岭，来到天鹅湖栖息繁衍，在和煦的阳光下，湖水、天光、云影、天鹅，构成一幅"片水无痕浸碧天，山容水态自成图"的画卷。9月以后又携雏南飞。6月是天鹅孵育时节，也是观赏天鹅的最佳时节，在两个多月的时间里，成千上万只大天鹅、疣鼻天鹅、小天鹅以及70多种珍禽飞翔于蓝天碧草之间，嬉戏于湖沼的碧水之中，恰如一幅绝妙的画卷，故而有"天鹅湖"的美称。当地蒙古族牧民把天鹅视为"贞洁之鸟""美丽的天使""吉祥的象征"。天鹅湖鸟类资源十分丰富，水禽种类多、数量大。据考察，天鹅湖有大天鹅、小天鹅、疣鼻天鹅一万余只，还有灰雁、斑头雁、白头鹞、燕鸥、雕、秃鹫等近10余种珍稀鸟类，属国家一、二级保护野生动物。

（执笔人：简敏菲）

黄土高原横跨山西、陕西、内蒙古、宁夏、甘肃、青海、河南7省（自治区）。除许多石质山地外，大部分为厚层黄土覆盖（黄土厚度50～100米），是世界上被黄土覆盖面积最大的高原。黄土高原东西长约900千米，南北宽400～500千米，面积约35.85万平方千米，由西北向东南倾斜，海拔多在1000～2000米。黄土高原地貌复杂，黄土塬、黄土墚、黄土峁地形是其基本的地貌类型。

黄土高原属于暖温带半湿润至半干旱气候区。主要气候特征是：冬季寒冷干燥，夏季温暖湿润，雨量稀少，变率大，光照充足，日照时数多，热量条件较优越。各地年平均气温变化在8～14℃，全区日平均气温10℃以上，活动积温为2000～3000℃，无霜期120～200天，气温日较差平均在10～16℃。降水年际变化大，季节分配不均，东南多于西北，各地平均年降水量变化在200～700毫米，其中，65%以上集中于7～9月。

中国"死海"盐麒麟——运城盐池

运城盐池即古河东盐池，又名盐湖、银湖、解池，位

山西运城盐池（邱宏波/摄）

于山西省运城市南1千米，东西长30千米，南北宽2.5千米，周长约60千米，总面积132平方千米，由鸭子池、盐池、硝池、镁池等组成。

盐池是造山运动和地壳变化使中条山山麓部分山体沉陷断裂而成的凹陷地带聚集大量水后形成的天然湖泊，其与美国犹他州的奥格登盐池、俄罗斯的咸海并称为世界上最古老的三大内陆盐池，也是中国著名的内陆盐湖之一，亦是山西省最大的湖泊。湖水中的钾盐、镁盐、硫酸盐和氯化钠等盐类物质经长时间蒸发与沉淀，结成盐层，形成了盐湖。地势中间低，周围高，形状类似于现在的脸盆。湖面海拔324.5米，最深处约6米，表层卤水层硫酸盐类

花马诸池皆宝藏——定边盐湖

定边盐湖，史称乌池、白池，地处陕西省西北部定边县境内，区域面积约1600平方千米，地处毛乌素沙地南缘，黄土高原北部（黄土高原与毛乌素沙地的过渡地带）。区域内的河谷侵蚀洼地或沙漠丘间洼地中形成了众多盐湖，湖泊的水和盐分主要靠地表径流及暴雨后地表片流补给，共有大小14个盐湖，湖盆总面积98平方千米，属芒硝型盐湖，是陕西省唯一的湖盐生产基地。

湖区属于半干旱大陆性气候区，气候干旱，寒暑气候变化强烈，年平均气温7~8℃，年降水量200毫米左右，年蒸发量达2800毫米，年日照时数2900小时。

现存较大的盐湖有花马池、烂泥池、波罗池、莲花池和红崖池等，呈北东至南西向弧形带状成群排列，即为花马诸池。定边盐湖卤水富含40多种微量元素，湖中沉积的黑泥具有美容养颜和保健作用，湖区"沙、水、草、鸟、盐"等有机结合，风景独特秀丽，具有一定的旅游、康养开发潜力。

定边盐湖群中较大的花马池，属于中国盐湖区划中的东北盐湖区内蒙古盐湖亚区，是碱性碳酸盐型内陆高盐湖泊。其产盐量大而质优，素以粒大、色青、味醇而久负盛名。自明代以后，花马池食盐的行销已有固定的地区，定边食盐固定行销于陕北和关中，甚至达汉中府各州县，此外，还供宁夏、甘肃两省（自治区）部分地区，曾为地方经济和社会的发展作出了重大贡献。

（执笔人：杜玲）

（刘淑丽/摄）

　　青藏高原湖区范围包括西藏自治区和青海省的全部及新疆南部一角，是中国仅次于长江中下游的湖泊密集地，也是地球上海拔最高、数量最多和面积最大的高原内陆湖区，拥有面积大于1平方千米的湖泊1055个，合计面积36899平方千米，分别占全国湖泊总数量和总面积的39.2%和45.2%，湖泊率为2%。其中，面积大于10平方千米的湖泊389个，淡水湖41个，较大的有鄂陵湖、扎陵湖、塔若错、玛旁雍措等。除东部及南部有少数外流湖外，绝大多数为内陆湖，而且大多数发育成咸水湖或盐湖。

　　湖泊是青藏高原地表水体相变和水循环的关键环节，在全球气候变暖的情况下，青藏高原湖区的敏感响应具有极其重要的生态学意义。作为"亚洲水塔"，青藏高原地表水资源及其变化对高原本身及周边地区的经济社会发展具有重要的影响。

中国的雪域之家
——青藏高原湖区

五彩斑斓——青藏高原咸水湖

中国第一咸水湖——青海湖

青海湖藏语名为"措温布"，即藏语"青色的海"之意，位于青海省西北部的青海湖盆地内，既是中国最大的内陆湖泊，也是中国最大的咸水湖。

青海湖是构造断陷湖，由祁连山的大通山、日月山与青海南山之间的断层陷落而成。距今20万～200万年前成湖初期，青海湖是一个大淡水湖泊，与黄河水系相通，那时气候温和多雨，湖水通过东南部的倒淌河汇入黄河，是一个外流湖。13万年前，由于新构造运动，湖东部的日月山、野牛山迅速上升隆起，使原来注入黄河的倒淌河被堵塞，迫使它由东向西流入青海湖，遂演变成了闭塞湖，加上气候变干，青海湖也由淡水湖逐渐变成咸水湖，出现了尕海、青海洱海，后又分离出海晏湖、沙岛湖等子湖。

青海湖是大自然赐予青海高原的一面巨大的宝镜。湖面海拔为3260米，由于地势高，气候十分凉爽。青海湖环境幽静，湖的四周被四座巍巍高山所环抱。从山下到湖畔，则是广袤平坦、苍茫无际的千里草原。青海湖在不

青海湖局部（刘淑丽/供）

同的季节里，景色迥然。炎炎的盛夏，日平均气温只有
15℃，此时是青海湖最美之时，环湖千亩油菜花竞相绽
放，碧波万顷的湛蓝外围散布着金灿灿的亮黄，高山牧场
的野花五彩缤纷，如绸似锦，数不尽的牛羊膘肥体壮，点
缀其间。每年11月份，青海湖开始结冰，浩瀚碧澄的湖
面，冰封玉砌，像一面巨大的宝镜。

　　作为维系青藏高原东北部生态安全的重要水体，青海
湖是控制西部荒漠化向东蔓延的天然屏障，对周边地区的
区域气候和生态环境有着重要而深刻的影响。众所周知，
中国西北地区历来干旱少雨，作为西北内陆最大的水体，
青海湖的水位数十年来一直处于下降趋势。但从2005年
开始连续14年回升，且湖水面积扩张明显。受气候暖湿
化的影响，近年来青海湖流域降水量及降水强度增加显

著，入湖流量呈上升趋势，加之青海湖西北部的高山冰川持续融化，流域冻土深度变浅，冻结时间缩短，多年冻土与季节性冻土水释放，致使青海湖水位上升、面积扩大。

作为中国最大的内陆湖泊，青海湖不仅是维系青藏高原东北部生态安全的重要水体、控制西部荒漠化向东蔓延的天然屏障，也是中亚、东亚两条候鸟迁徙路线的交汇点，每年在青海湖迁徙停留的候鸟有92种20多万只，是中国境内候鸟繁殖数量最多、种群最为集中的繁殖地。

鸟岛是亚洲特有的鸟禽繁殖场所，是中国八大鸟类自然保护区之首，是青海省对外开放的一个重要地点。鸟岛又名小西山或蛋岛（因鸟蛋遍地而得名），位于布哈河口以北4千米处，岛的东头大，西头窄长，形似蝌蚪，全长1500米，1978年以后，北、西、南三面湖底外露与陆地

青海湖鸟岛（刘淑丽/供）

连在一起。鸟岛坡度平缓，地表由沙土、石块覆盖，岛的西南边有几处泉水涌流。

青海湖以盛产青海湖裸鲤闻名于世。1964年国家将青海湖列为保护对象，青海湖裸鲤被列为国家重要名贵水生经济动物。据地方志记载，青海湖早在200多年以前就有湟鱼。湟鱼是裸鲤的俗称，是青海湖中的特产，属鲤科。在青海湖，每年的春夏之交，湖内湟鱼的洄游是一件令当地人期待的大事，它意味着接连数月的满目苍黄和零下数十度的严寒已经过去，大地又将是一片葱茏。随着气温逐渐升高，冰雪渐渐消融，雨水增多，各条入湖河流的来水量也开始增加。启程的时间到了，湖内的产卵亲鱼开始在环湖各大河流的河口地带集结，然后成群地逆流而上，向着它们世代相传的产卵圣地进发。

多年以来的人为滥捕已造成青海湖湟鱼的大量锐减，由于全球变暖，大气干旱，降水减少，加之青海湖水位年年下降，含盐量和碱度不断上升，湟鱼的生存受到很大影响。青海湖湟鱼资源已不足开发初期的十分之一。有关专家称，青海湖湟鱼的危机就是青海湖本身的危机。全球气候变暖、青海湖周边河流来水量减少、可供湟鱼繁殖的水域日益退化等因素，无不威胁着青海湖湟鱼的安全。其中，湟鱼主要繁殖水域的水利工程建设带来的影响重大。青海湖湟鱼为洄游性鱼类，这些工程建设将其洄游通道堵死，不仅改变了其习惯，而且使整个生物链、生态环境均受到影响。

西藏第一咸水湖——色林错
色林错位于申扎、尼玛、班戈、双湖四县的交界处，是西藏第一大湖泊及中国第二大咸水湖，是青藏高原形成过程中产生的构造湖，为大型深水湖。色林错的湖面海拔4530米，湖泊东西长72千米，平均宽22.8千米，其中，东部最宽达40千米，湖水面积2391平方千米，为西藏最大的内陆湖水系。流域内有众多的河流和湖泊互相串通，组成一个封闭的内陆湖泊群，主要湖泊除色林错外，还有格仁错、吴如错、仁措贡玛等23个卫星小湖。每到夏季，湖边风光独特，湖中小岛上栖息着各种各样的候鸟。1985年，色林错湖被列为区级自然保护区，2003年晋升为国家级自然保护区。

色林错、班戈湖盆区是在新生代古近纪初开始发育的班戈断陷盆地基础上，在第四纪继承活化发育而成的新生断陷盆地。盆地长轴近东西向，南北两缘新构造发育，随着青藏高原的整体隆升而隆升。中晚更新世以来，大湖逐渐缩小，由于局部隆升差异而将大湖分割，逐渐形成现代众湖分布格局。色林错、班戈错晚更新世晚期以前为统一大湖，长轴东西向，晚更新世晚期分割形成二湖，东西向展布，二者之间仍有一条狭窄水道相连。

流域内有许多河、湖串通，组成了一个内陆湖群，流域面积45530平方千米，居西藏内陆水系首位。主要入湖河流有扎加藏布、扎根藏布、波曲藏布等，均从其东南部汇入。扎加藏布全长409千米，是西藏最长的内流河，发源于唐古拉山，于色林错北岸入湖。上段东西向，长约80千米，为宽谷盆地，冰碛物发育；中段河谷宽窄相间，长约170千米；下段长230千米，色林错附近沼泽发育。扎加藏布流域面积1.6675万平方千米，河水主要靠冰雪融水补给。

色林错近10年湖面面积增量是前24年增量的近4倍。遥感图像显示，2003—2005年，由于水位不断上涨，色林错南部湖面在昌都岗地区同雅个冬错发生了联通，并在此后的时间内，湖面逐步扩大到了雅个冬错的西南岸。

色林错湖面水域增长从而引起一系列的不良后果。例如，生长在低湖岸带茂盛的牧场草地被淹，湖区附近牧民不得不撤离。随着湖面水域的增长，有可能同其北面的崩则错、纳江错及其东面的班戈湖等连为一体，进而将会影响到拉萨—安多县至阿里地区的大北线的正常通行。

色林错在高原高寒草原生态系统中是珍稀濒危生物物种最多的地区，包括国家一级保护野生动物黑颈鹤、雪豹、藏羚、盘羊、藏野驴、藏雪鸡等，是世界上最大的黑颈鹤自然保护区。色林错裸鲤是藏北色林错湖泊中唯一的一种鱼类。

"天湖"之水如宝镜——纳木错

纳木错，是西藏第二大湖泊，也是中国第三大咸水湖。藏语中，"错"即"措"，是"湖"的意思。当地藏族人民叫它"腾格里海"，意思是"天湖"。纳木错是西藏的"三大圣湖"之一，而湖滨牧民说因湖面海拔很高如同位于空中，故称"天湖"。

纳木错所在的青藏高原，是起自约7000万年前开始的造山运动中欧亚大陆板块与印度板块相挤压而隆起的产物。根据地质学的勘测资料和科学考察，纳木错地区属拉萨地体，以至少10亿年前的前寒武纪陆壳构成基底，经过漫长岁月，约在晚侏罗纪增生到部分羌塘地体上面。纳木错是第三纪末和第四纪初，喜马拉雅运动凹陷而形成的巨大湖盆。其形成和发育受地质构造控制，为断陷构造湖，并具冰川作用的痕迹。后因西藏高原气候逐渐干燥，纳木错面积大为缩减，现存的古湖岩线有8～10道，最高一道距2012年的湖面约80米。

纳木错地处被称作"世界屋脊"的青藏高原上，位于藏北高原的东南部，西藏自治区中部，拉萨市区划的西北边界上和其以北的当雄县和那曲市东南边界班戈县之间，距离拉萨240千米。约有60%的湖面在那曲市班戈县内，40%的湖面在拉萨市的当雄县内。纳木错向南距拉萨市区约100千米。纳木错湖南边和东边是高峻的冈底斯山脉和雄伟的念青唐古拉山脉，北边是起伏较小的藏北高原丘陵，整个区域形成了一个封闭性较好的内流区域。湖面海拔4718米，形状近似长方形，东西长70多千米，南北宽30多千米，面积约1961平方千米。早期的科学考察认为，纳木错的最大深度为33米，但最近两年对湖泊的重新测量发现，纳木错最深处超过了120米。纳木错为世界上海拔最高的大型湖泊。

纳木错南面有终年积雪的念青唐古拉山，北侧和西侧有高原丘陵和广阔的湖滨。它的东南部是直插云霄、终年积雪的念青唐古拉山的主峰，广阔的草原绕湖四周，天湖像一面巨大的宝镜，镶嵌在藏北的草原上。湖水清澈透明，湖面呈天蓝色。

纳木错风光（简敏菲/摄）

纳木错蕴藏着大量的浮游生物和鱼类，这些生物为鸟类提供了丰富的饵料。湖心岛人迹罕至，因此也为各种鸟类提供了理想的栖息场所，成为鸟类的天堂。目前，流域内主要分布有黑颈鹤、藏雪鸡、毛腿沙鸡、赤麻鸭、斑头雁、猎隼、棕头鸥、山斑鸠等数十种鸟类；另外，丰美的水草和流域内地广人稀，再加上对野生动物的保护，为许多珍奇野生动物繁衍生息也创造了良好的条件。高海拔山地鸟类稀少，但能生活于此的种类均有高度的适应能力。黑颈鹤是纳木错沼泽地唯一的鹤类，在高原腹地和北部繁殖，在雅鲁藏布江中游谷地及其南部喜马拉雅南麓一带越冬。

黄河源头熠星光——星宿海

　　星宿海，位于黄河源头地区，在青海省曲莱县东北部，东与扎陵湖相邻，西与黄河源流玛曲相接，星宿海地区海拔4000多米，藏语称为"措岔"，意思是"花海子"；蒙语称"火敦诺尔"，"火敦"为星宿，"诺尔"为海子或湖。它的地形是一个狭长的盆地，东西长30多千米，南北宽10多千米。黄河之水行进至此，因地势平缓，河面骤然展宽，流速也变缓，四处流淌的河水使这里形成大片沼泽和众多的湖泊。在这不大的盆地里，竟星罗棋布着数以百计的大小不一、形状各异的湖泊，大的有几百平方米，小的仅几平方米，登高远眺，这些湖泊在阳光的照耀下，熠熠闪光，宛如夜空中闪烁的星星，星宿海之名由此而来。

　　星宿海上源有三条支流，分别是扎曲、约古宗列曲和卡日曲。扎曲居于最北部，发源于查哈西拉山，河长

70千米，河道窄，支流少，水量有限，一年中大部分时间断流。约古宗列曲位于星宿海西，在三条上源中居中，发源于约古列宗盆地西南隅，海拔4750米，水量甚小，为宽1.0~1.5米、深0.1~0.2米的小溪。南部支流为卡日曲，发源于巴颜喀拉山支脉各姿各雅山的北麓，海拔4800米，有5处泉水从谷中涌出，汇成宽约3米、深0.3~0.5米、流速约3米/秒的一条小河，河流终年有水。约古宗列曲与卡日曲汇合成黄河源头最初的河道玛曲，然后注入星宿海。

受全球气候变化影响，并经历三十多年的沧桑变化，黄河正源的星宿海已经名不符实，过去星罗棋布的美丽的湖泊风景已经变成干涸的湖底、荒芜的戈壁。保护星宿海、减缓黄河正源的冰川融化已迫在眉睫。

（执笔人：刘淑丽）

中国第一大盐湖——察尔汗盐湖

"察尔汗"是蒙古语的音译词，在蒙古语的意思为盐泽。察尔汗盐湖位于青海省格尔木市都兰县境内，柴达木盆地中东部，南依昆仑山，西邻阿尔泰山，北接祁连山，东西长204千米，南北宽20~40千米，总面积达5856平方千米，是中国最大的盐湖。察尔汗盐湖地区为典型的高寒、干燥、多风高原型大陆性气候，年平均降水量为23毫米，年蒸发量为3527毫米，因此相对湿度小（仅为28%），平均气温5.1℃。察尔汗盐湖区是柴达木盆地最低洼的地区，有格尔木西河、格尔木东河、跃进河、清水河、托拉海河、灶火河、柴达木河、诺木洪河等10余条河流汇聚于此，汇水面积达10万多平方千米。察尔汗盐湖地处气候炎热干燥的戈壁腹地，长期风吹日晒，形成了高浓度的卤水，逐渐结晶成了盐粒，湖面结成了厚厚的、十分坚硬的盐盖。

察尔汗盐湖是古海洋经青藏高原的地壳变迁，被山峰分隔并逐渐萎缩和干涸而形成的。大约4万年前，察尔汗盐湖还是一个淡水湖或半咸水湖。随后，柴达木盆地发生剧烈的新构造运动，在察尔汗盐湖湖盆的四周形成一个小的背斜构造，从而使察尔汗盐湖变成了一个独立的封闭盆地，随着气候的干湿周期性变化，经三次较大的沉积旋回，形成现在的察尔汗盐湖。察尔汗盐湖蕴藏着丰富的氯化钠、氯化钾、氯化镁、氯化锂等矿物质，储量均居全国首位，为中国矿业基地之一。其中，钾镁盐资源储量达500亿吨，是中国钾镁盐的主要产地，钾肥年产量超过400万吨，为实现中国钾肥的自给自足作出了重要的贡献，察尔汗盐湖也因此被称为柴达木的"聚宝盆"。

千百年来，察尔汗盐湖与巍巍昆仑同在，与茫茫戈壁共存。风和日丽时，浩瀚的湖面如同一个巨大的宝镜，与蓝天、白云相辉映。卤水的结晶孕育了晶莹如玉、变化万千的神奇盐花，簇立于盐湖中央，形成了一道道形态各异、鬼斧神工的盐花胜景，有的像珊瑚，有的像宫殿中的象牙宝塔，在太阳的照耀下晶莹如玉，散发着耀眼的光芒。大片的盐地如同大雪覆盖在湖面，和多彩的湖水融为一体，用双手捧起一把珍珠细盐向空中撒去，阳光下会出现一道霞光，令人恍若置身于仙境。这里有一条由盐铺设的道路，全长32千米，是格尔木至敦煌公路中的一段，人们称其为"万丈盐桥"。盐桥的硬度如同柏油马路一般，当路出现损坏时，只要浇上一些卤水就可以使路复原。盐桥将盐湖从中间劈成两半，路面光滑平坦，山色湖光相映，让人赞叹于眼前的美景和人类的智慧。由于察尔汗盐湖是一个工业区，来这里游玩的人相对较少，这里的风景依然保持着一种原生态的美。

天空之镜——茶卡盐湖（简敏菲/摄）

中国的"天空之镜"——茶卡盐湖

茶卡在藏语中是盐海之滨的意思。茶卡盐湖位于柴达木盆地东部，青海省海西州乌兰县茶卡镇的东南侧，被誉为柴达木盆地的东大门，是古丝绸之路的重要站点。茶卡盐湖东面是云雾缭绕的橡皮山，北面是逶迤连绵的完颜通布山，南面是积雪皑皑的旺尕秀山，西面是平坦的戈壁滩。四周山峦连绵起伏，形成天然的一个小盆地，而茶卡盐湖则静静地平卧其中，湖面海拔约3000米。茶卡盐湖东西长约5000米，南北宽约9000米，总面积达140多平方千米。茶卡盐湖地区气候干旱、温凉，年平均气温4℃，年平均降水量197.6毫米，年蒸发量达2074.1毫米，年平均相对湿度45%～50%。茶卡盐湖主要汇聚了茶卡河、莫河、小察汗乌苏河、玛亚纳河的来水，同时还有地下泉水补给湖盆，整个盐湖无泄水口，干燥的气候条件下长年累月的蒸发使其盐分高度富集。

亿万年前，柴达木是浩瀚的古地中海。地质运动使得青藏高原不断隆升，海水逐渐四溢消退，大大小小的湖泊由此诞生。由于海拔升高，极度干旱，强烈的阳光蒸发了湖中的水分，比重大的盐分逐渐沉积，形成了一个个咸水湖，茶卡盐湖就是其中之一。大约10万年前，茶卡盐湖是一个外流的淡水湖，向东流入共和盆地、注入黄河，后来发生构造隆起，使得茶卡盐湖变成了内陆湖。大约1.1万年前，气温升高使盐湖的蒸发量增大，并远大于降水量，盐湖进一步加剧咸化。茶卡盐湖是柴达木盆地中开发最早的一个盐湖，已有3000多年的开采历史。茶卡盐极易开采，只需揭开十几厘米的盐盖，就可以从下面捞取天然的结晶盐。其盐晶中含有钙、镁等矿物质，使盐晶呈青黑色，故称"青盐"，初步探明的储量达4亿吨以上。青盐除可食用外，还具有促进机体新陈代谢、缓解类风湿疾病和消肿的功效。茶卡盐厂每年生产几十万吨优质原盐，除供应青海各地外，还畅销全国20多个省份及出口国外，深受人们的喜爱。

茶卡盐湖是固液并存的卤水湖，湖水含盐量极大，自然结晶成为一片白色的湖面，天空、白云、群山及周围的一切景色都被倒映在湖中，像一块巨大的镜子，因此被称为"天空之镜"。每年七八月份，柴达木盆地凉爽宜人，此时的茶卡盐湖风景最美，游人络绎不绝。湖畔四周，是一望无际的草原，一簇簇、一丛丛各色的野花竞相开放，犹如一块块彩色的地毯。进入茶卡盐湖，就进入了白皑皑的盐的世界，湖边的盐层是白色的，当天气晴朗时，白色的湖面透着天蓝色，丝绸般轻柔的卤水浸润着洁白的盐层，波光粼粼下如烟如雾，就连人行栈道也是白皑皑的盐晶石铺成的。近年来，茶卡盐湖景区因奇特美景屡登热搜榜，美景视频在网络传播热度较高，被国家旅游地理杂志评为"人一生必去的55个地方"之一。

亚洲最富饶盐湖——扎布耶盐湖

扎布耶盐湖位于西藏日喀则市仲巴县境内，冈底斯山脉西段北麓，面积235平方千米，湖面海拔约4400米。扎布耶盐湖形状如葫芦，从中间的窄狭处分为南北两部分，南部呈银白色干涸状，北部的湖水最深达3米。盐湖的西部是海拔6364米的日阿格良雪山，雪水源源不断地注入湖中。扎布耶盐湖地区属高原亚寒带干旱气候区，辐射强、气温低、降水少、蒸发量大。年平均气温为1℃，年降水量小于150毫米，年蒸发量2200～2500毫米，年日照时间达3118小时。扎布耶流域为典型的封闭内流盆地，扎布耶盐湖是盆地内水系汇流的最低点。湖区内河流、泉水众多，河流主要有浪门嘎曲、罗具藏布、桑目旧曲、甲布曲和泉水河，泉水主要分布在湖中部的钙华岛和湖北部的秋里南木。

湖区有丰富的矿产资源，蕴藏着大量的芒硝、天然碱、锂、钾、硼等多种矿物质，是国内已知硼砂含量最多的碳酸盐型盐湖，同时也是锂矿资源超百万吨的盐湖。这些矿物质主要由河流带来沉积在湖中，而河水中的锂、硼等主要来源于第四纪沉积物、地表风化物及地下岩石。扎布耶湖水中的锂浓度在1克/升以上，能形成天然碳酸锂沉积，非常有利于锂的提取。调查资料显示，扎布耶盐湖固液相锂资源量为747万吨，是中国最大的锂资源矿，也是世界上三个超百万吨的大型盐湖之一。从1980年开始，中国地质科学院盐湖中心的科研人员对扎布耶盐湖持续进行了多学科研究和开发试验，并于2006年成功建立提锂工厂。目前，该锂精矿的年产能为5000吨左右，被称为"用斗量金的金湖"。锂又被称为21世纪的"绿色能源金属"和"白色石油"，是一种国家战略资源，世界锂资源消耗正在急剧增长，其战略地位日益突出，未来世界锂资源的需求和竞争将更加激烈，扎布耶盐湖对于降低中国对外锂资源的依存度有重要的意义。

除富饶的矿产资源外，扎布耶盐湖的自然风光一点都不逊色于其他盐湖。在五彩斑斓的茫茫湖水中，星罗棋布地分布着一些白色的小岛，分外引人注目。这些白色小岛是由碳酸钙组成的一个个泉华锥，数量达数百个之多，十分壮观。这在盐湖中是十分罕见的奇特景象。这些泉华岛大小不一，形态各异。露出水面的泉华岛都戴着一顶雪白如玉、婀娜多姿的瘤状石盐和盐钟乳组成的"牙雕皇冠"，十分好看。这些巧夺天工的"牙雕"都是大自然的杰作。每当较大的风浪推着湖水铺天盖地漫过小岛的时候，残留在岛上的卤水因蒸发而使其中的盐分发生一点一滴的堆积，而稀少的雨雪使已堆积的盐类难以淋溶。如此往复不断，日积月累便形成这令人惊叹的微型喀斯特地貌。波光粼粼的湖水与湛蓝的天空相连接，远处的雪山倒影时隐时现，阳光下，湖面漂浮着盐的结晶体，白色、纯洁、静谧、透亮。湖边的湿地栖息着黑颈鹤等珍稀水禽，偶尔还会看到野驴在旁边奔跑。此情此景，令人仿若进入梦幻之境，神奇而又不可思议。

荒漠中的蓝宝石——大柴旦盐湖

大柴旦盐湖位于青海省海西蒙古族藏族自治州大柴旦行政区境内，位于青藏高原北部，柴达木盆地北部的次级盆地及祁连山褶皱带南缘的山间盆地中。大柴旦盐湖地处海拔3000余米的高原，镶嵌在雪山戈壁之间，其实是采矿形成的人工湖。大柴旦盐湖湖盆呈不规则的新月形，湖泊常年含水，卤水饱和，最大水深不超过1米，且随着不同年份和季节而变化，干盐滩与湖表卤水共存，其常年卤水湖加上干盐滩的总面积约为235平方千米。大柴旦地区为典型的大陆性干旱气候，受西风环流控制，盆地中心极度干旱，年平均气温为1.4℃，昼夜温差较大，多年平均降水量90毫米，多年平均蒸发量2123毫米，是年降水量的23.6倍以上。大柴旦盐湖湖盆内水系呈向心型，无常年性河流入湖，湖水水位和水化学特征主要受周围山区春季融水量、夏季降水量以及湖区蒸发量的影响，湖区主要以

大柴旦盐湖（王啸/摄）

地表径流和地下潜流补给，补给河流有温泉沟、八里沟及大头羊沟等。

　　大柴旦盐湖的卤水资源富含钾、硼、锂等矿物质，尤其是硼酸盐类矿物种类比较多，是中国著名的硼酸盐盐湖沉积区，具有巨大的开发潜力。据调查统计，大柴旦盐湖氯化钾储量为285.9万吨、三氧化二硼储量约45.05万吨，氯化锂储量约30.19万吨。这些矿物质来源于大柴旦盆地，该地区的温泉水特别富含钾、硼、锂等元素，并为湖盆长期不断地提供物质来源。70年以前，这里仍然是一片荒芜的"生命禁区"。20世纪50年代，随着国家开发柴达木盆地热潮的掀起，在大柴旦盐湖边建起了化工厂，生产氯化钾、硼酸、精制盐、碳酸锂等工业产品，经过几十年的发展，已形成了年产值近40亿元的工业园区，为中国现代农业、新能源、新材料等产业的可持续发展提供了重要保障。

　　大柴旦盐湖由一个个盐池组成，由于盐池中含矿物质浓度不同，水的深浅不一，因此形成了以蓝色为主的多层次的颜色变化，湖底盐床由淡青、翠绿以及深蓝色的湖水辉映交替、晶莹剔透，一个个盐池犹如一块块翡翠，人们称之为"翡翠湖"。白色的盐结晶在岸边、湖底的盐水中凝结，在水中形成梦幻的形状，透过蓝色湖水的折射，更增加了这翡翠色彩的多样化，犹如打翻了的调色板。置身其中，放眼望去，眼前或淡青色，或深蓝色，或翡翠色，或浅蓝色，交相辉映，变化莫测，色彩瞬息万变。尤其是湖中间的颜色由薄荷绿，瞬间渐变成翡翠绿，转眼间又变换成淡蓝色，越靠近岸边，颜色越发浅淡。这片多姿多彩的翡翠湖，宛若镜面一般倒映着蓝天白云，遥不可及的柴达木雪峰也出现在脚下，近处红色的丹霞地貌映衬着绿色的湖水，美得惊心动魄，让人如痴如醉。

（执笔人：阳文静）

碧玉翡翠群山绕——冬格措纳湖

作为中国黄河发源地和重要生态屏障的青海省玛多县，自古享有"千湖之县""中华水塔"的美誉。冬格措纳湖位于玛多县境内花石峡镇西北约16千米处，西连托索河，东通东曲。"冬格措纳湖"实际是藏语的称呼，蒙语称"托索湖"，都有"黑色的海"的意思，因四周几乎被群山环绕，又被称为"一千座山围成的湖"。

湖区海拔4117米，湖面面积约450平方千米，东西长45千米，南北宽10千米，最大水深约10米，面积和水量仅次于鄂陵湖和扎陵湖，属青藏高原在玛多县境内的第三大高原淡水湖。

该湖位于青藏高原的高寒山区，夏季降雨充沛，水量充盈入湖，湖水碧绿，站在高山上远眺，宛如一块坠入人间、千山环抱的"碧玉翡翠"，该湖因此而声名远扬。湖水为淡水，可以饮用，是可口甘甜的天然矿泉水。冬季干燥寒冷，最低温可达−40℃，结冰时间长，从12月至来年5月，冰层厚度30～60厘米，每每此时，天地恍如连为一体，冬格措纳湖到处白霭茫茫，银装披挂，是难得的欣赏冰雪的好去处。

据相关文献记载，冬格措纳湖的形成可能与青藏高原隆升过程中的造山运动有关，以至于造就得如此完美。整体观望，周围群山山峰林立，错落有致，堆砌有序，置身其中，你不得不佩服大自然的鬼斧神工。该湖四周群山环抱，白云相拥，鸟儿嬉戏打闹，鱼儿银波逐浪，没有城市的喧嚣噪音，让人仿佛进入一片宁静祥和的梦境，有种灵魂超脱、心灵净化的纯美感受，因此冬格措纳湖被当地藏族群众奉为"神湖"。

冬格措纳湖中浮游生物和鱼虾资源丰富，吸引了多种候鸟至此求偶交配，产卵孵雏，繁衍生息，其中最多的是鹤类、雁鸭类、渔鸥、鸬鹚等。湖周围也时常有藏羚羊、藏野驴、野牦牛等国家重点保护野生动物至此活动，是青藏高原重要的生物资源库。2019年12月25日，冬格措纳湖区通过国家林业和草原局验收，正式成为"国家湿地公园"。

冬格措纳湖（李友崇/供）

扎陵湖（李友崇/供）

"白色长湖" 黄河源——扎陵湖

孕育中华璀璨文明的"母亲河"黄河，发源于青藏高原巴颜喀拉山北麓的约古宗列盆地，自西向东进入青海省果洛藏族自治州玛多县境内，便巧夺天工般"浇灌"出黄河源头两个最大的高原淡水湖泊，也就是被誉为"黄河源头姊妹湖"的扎陵湖和鄂陵湖。

扎陵湖，又称"查灵海"，藏语意为白色长湖，位于玛多县西部的一处凹地，居鄂陵湖西，形似一颗美丽的"贝壳"，仿佛镶嵌在黄河源头上。该湖东西长35千米，南北宽21.6千米，面积526平方千米，平均水深8.9米，蓄水量达46.7亿立方米。湖面海拔约4300米，比中国最大的内陆湖泊青海湖要高出1000多米，属于黄河源头第一淡水湖。

湖区位处青藏高原高寒地区，冬季漫长而寒冷，平均气温在0℃以下；夏季气候凉爽，平均气温约8℃左右，最高温也仅22.9℃，成为一年中最佳的观湖季节。盛夏时节，苍穹就像被洗过一般干净，透彻的纯蓝色天空，变化莫测的朵朵白云，清晰地倒映在如镜子般的湖面上，实在是一个别样的自然景观。西南角分布着几个小型的"鸟岛"，每年的春天，都有从印度半岛飞过来的天鹅、大雁、野鸭、渔鸥等在此栖息，数量多得数也数不清，犹如银白的珍珠点缀装饰湖面。

黄河源头"宝葫芦"——鄂陵湖

鄂陵湖，又名鄂灵海，古称"柏海"，藏语称错鄂朗，意为"青蓝色的湖"，主要是因为湖水实在清澈蔚蓝。该湖位于中国青海省玛多县西部扎陵湖的下游约15千米的地方，与扎陵湖并称为"黄河源头的姊妹湖"，同属黄河上游的大型高原淡水湖泊。鄂陵湖的形状恰似一颗挂在黄河源头的蓝色"宝葫芦"，从卫星地图上看去又很像是一只活灵活现的"动物"，给人足够的想象空间，再加上湖水青蓝出奇，更显得奇妙无比了。

该湖湖面海拔为4269米，最大湖面面积为628平方千米，比扎陵湖大约100平方千米；湖水的平均水深17.6米，最深处可达30多米，蓄水量约107亿立方米，相当于两个扎陵湖的水量。鄂陵湖和扎陵湖这两个"黄河源头姊妹湖"，保存了优越的淡水资源，孕育出黄河源肥美的草场，涵养了大片"自由呼吸"的沼泽，为冷水性无鳞鱼类、候鸟等提供了休养生息的"天堂"。

在"姊妹湖"之间错日尕则山海拔4610米的顶峰，坐落着一座"华夏之魂河源牛头碑"，由玛多县人民政府于1988年9月修建。碑体是用纯铜铸造，重达5.1吨，碑

鄂陵湖（李友崇/供）

身高3米，碑座高2米，以最原始崇拜的"牛"为图腾，以铜版铸模镶嵌，象征着中华民族历经沧桑的悠久历史和勤劳朴实的品格，祝福着中华文明源远流长、生生不息。

鄂陵湖的西侧有一片广阔平坦的湖滩，据说是当年吐蕃松赞干布迎娶大唐文成公主的地方，于是取名"迎亲滩"。置身其中，眼前是鄂陵湖碧波浩渺的湖水，蓝天白云倒映水中，鸟儿在天空自由翱翔，不远处有神圣的多卡寺，两侧耸立着灵塔与白塔，寺庙背后是壮观的玛尼经墙，每一片石板上都篆刻着经文。这一片祥和美丽的景象，似乎在共同见证和诉说着那古老的爱情故事，更为到此游玩的人们增添了无限的遐想与敬畏。

永恒不败碧玉湖——玛旁雍措

在被誉为"世界屋脊"的西藏，地域广袤无垠，湖泊星罗棋布，其中，最为有名的湖泊要数纳木错、羊卓雍措、玛旁雍措，也就是藏族人敬称的"三大圣湖"，而其中玛旁雍措更是被誉为"世界江河之母""圣湖之王"，足见她在人们心中的地位。

玛旁雍措，是藏语的称呼，意为"永恒不败的碧玉湖"。地处西藏阿里地区普兰县境内，湖区海拔4588米，面积约412平方千米，最大水深可达82米，北边宽南边窄，形似一个"倒立的梨"，环湖周长约83千米。湖的西面与拉昂错毗邻，曾经两湖相通，后因冰山流水长期形成的堆积物阻塞，最终演变为一个独立的内流型高原淡水湖。该湖水主要来自冰川融化水、雨水和少量的泉水，蓄积的淡水量约200亿立方米，已经是世界范围内高海拔地区为数不多的中型淡水湖之一。研究发现，玛旁雍措湖水中富含硼、锂、氟等微量元素，湖水纯净透亮，清凉甘甜，已成为中国湖水透明度最大的淡水湖。

玛旁雍措是亚洲四大河流（雅鲁藏布江、恒河、印度河、萨特累季河）的发源地，因而每年吸引无数的游客驻足，一睹芳容。同时，藏族同胞将她视为"圣湖"，据说有两大原因：一是湖水主要源自冰雪融化之水，是佛祖赐予藏族人的圣洁甘露，象征着幸福和祥瑞；二是据说唐玄奘在《大唐西域记》中记称，玛旁雍措为西天王母娘娘的瑶池（居住的地方）所在地，沐浴和饮用此湖的圣水便可以"延年益寿"。

在万里苍穹之下，春去秋来，神山冰雪融化的"圣水"汇聚成波光粼粼、碧波荡漾的湖水，蓝天白云交相辉映，惬意的牛羊如繁星般点缀其中，一旁的玛尼石堆送上了最纯净的祝福，一幅美丽动人的画面，实在是让人依依不舍，流连忘返。

玛旁雍措（普布次仁/供）

"长脖子天鹅" 分咸淡——班公措

班公措，又名班公湖，藏语称"措木昂拉仁波"，寓意为"长脖子天鹅"，这一恰到好处的比喻实在是赞美着她的灵动出奇！要知道，该湖处于中国西藏最西部的阿里地区和克什米尔地区交汇处，呈东西走向，由东向西蜿蜒长约150千米，东部在中国境内约100千米之长，活像一只翱翔天际、展翅高飞的"天鹅"。更令人称奇的是，湖区总面积约600平方千米，东面约三分之二的面积属中国领土范围，湖水清透纯净，为淡水；而剩下三分之一的面积在中国境外，湖水竟然变成了咸水。倘若你徜徉至此，捧着甘甜的湖水入口，不禁要感叹大自然的"造物弄人"和"馈赠有别"了吧！

班公措湖区海拔4240米，最大水深为41米，属于青藏高原西部的构造湖泊，是由于地壳构造运动产生坳陷盆地积水而形成的。据研究考证，该湖经历了长时间的地质构造运动，是东西向狭长形的湖体，东部水面最为开阔，中部形成河道型水体，周围密布着多条河流流入湖区，当地的藏族人又称她为"明媚而狭长的湖"，这"明媚"二字便是寄托着藏族同胞对班公措的无限赞美和对美好生活的向往。

班公措湖区分布着数个形态各异的小岛，当地人称之为"鸟岛"，叫得上名字的鸟类大概有20种，有黑颈鹤、赤麻鸭、棕头鸥、渔鸥、斑头雁、绿头鸭、针尾鸭、红头潜鸭、白眼潜鸭等，其中，斑头雁和棕头鸥的数量最多，它们成为这片鸟类栖息、繁衍"天堂"的主角。班公措湖同样也是一个天然理想的"鱼类王国"，因水体的浮游生物和浮游植物含量丰富，孕育了数十种特有的野生鱼类，如西藏弓鱼、高原裸裂尻鱼、裸鲤、裂腹鱼、细尾高原鳅等，这里尤其盛产无鳞的裂腹鱼类，据说这里产的鱼肉质细嫩、香美可口、营养丰富，是难得的美味佳肴。

班公措的美是低调淳朴的自然之美，她没有西藏圣湖的高雅气质，也不是藏传佛教信徒们朝拜祈福的理想之所，但她却如一名默默坚守、护土有责的"边疆卫士"，静静守护着西部高原的安宁。

世上最美"碧玉湖"——羊卓雍措

羊卓雍措，又名羊湖雍措。藏语意为"碧玉湖""天鹅池"，属西藏"三大圣湖"之一。湖泊的形状酷似海中的珊瑚枝，因此该湖又被称为"上面的珊瑚湖"，如果你尽情发挥自己的想象，她也很像一条腾飞的"巨龙"。羊

世上最美"碧玉湖"——羊卓雍措（简敏菲/摄）

卓雍措的大部分水域位于雅鲁藏布江南岸、山南市浪卡子县境内，小部分位于贡嘎县，离拉萨市区大约70千米，毗邻有沪聂线和雅叶高速，并有国道349直达湖区。羊卓雍措属于天然淡水湖，湖泊的形成大概与青藏高原造山运动密切相关，成为喜马拉雅山脉北麓最大的内陆构造湖泊。

羊卓雍措被誉为世界上最美丽的水。羊卓雍措，"羊"意为上面；"卓"意为牧场；"雍"意为碧玉；"措"意为湖。连起来就是"上面牧场的碧玉之湖"。这是字面上对羊卓雍措的解释，而羊卓雍措在藏人心目当中被看作"神女散落的绿松石耳坠"，因为无论你从哪个角度，都不能看到羊卓雍措的全貌。她的身躯蜿蜒在群山中达130多千米，只有在地图或是高空你才能惊喜地发现她犹如耳坠，镶嵌在山的耳轮之上。不同时刻的阳光照射都会使她显现出层次极其丰富的蓝色，好似梦幻一般。

羊卓雍措的水域分布面广而不规则，东西长约130千米，南北宽约70千米，周长约250千米，最大面积可达640平方千米。湖面海拔4441米，水深30~60米，蓄水量约146亿立方米，是中国第三大淡水湖——太湖水量的3.3倍多，成为青藏高原这一"中华水塔"宝贵水资源的储存库之一。

据研究考证，大约数亿年前的冰川时期，山地隆升和冰川融水产生的泥石阻塞河道，继而演化形成了羊卓雍措这个"高原堰塞湖"，大自然的鬼斧神工造就了她的不规则分叉、蜿蜒曲折湖岸，镶嵌了空母错、沉错、巴久错以及古羊卓雍措4个小湖，"雕琢"出21个湖中小岛。湖区的小岛大小不一，错落有致，吸引了黄鸭、天鹅、鹭鸶、沙鸥等各种候鸟栖息，这里自然成为西藏最大的野生水鸟栖息地和禽类迁徙休憩的家园。

羊卓雍措的湖中还盛产高原冷水性鱼类，如高原裸鲤、高原裂腹鱼等特有鱼类，由于水质清透，没有任何污染，湖中浮游生物丰富。每年夏天，这里自然成为鱼类觅食、产卵的场所，站在岸边就能看见成群的鱼儿聚在一起，一点也不害怕人类的到访，这得感谢当地藏族同胞不吃鱼的习俗，使得鱼类资源得到了更有效的保护。因此，羊卓雍措成了鱼类的天堂和西藏的"天然鱼库"。

"少女之泪"蓝宝石——普莫雍错

在被誉为"高原湖泊王国"的西藏，她的"错"或"措"（湖泊的意思）让无数人为之神往，无不感叹她的纯洁、超脱、神圣。在这万千的"错"或"措"中，仅有4个是以"雍措（错）"命名的，藏语里的"雍措（错）"寓意为"如碧玉般的湖"，由此足可以说明冠以"雍措（错）"的湖泊就是超凡脱俗、非同一般、圣洁无比的理想天堂了。这四个美不胜收的"雍措（错）"，就是"三大圣湖"中的玛旁雍措、羊卓雍措，藏北的圣湖当惹雍错，山南市的普莫雍错。

普莫雍错，藏语里寓意为"碧玉般的少女湖"，藏语的"普莫"是"少女"的意思，大概是因为她有着少女般的眉目清秀、忠贞纯洁的气质吧！由于她是喜马拉雅山脉北麓和库拉岗日群峰下的一个淡水湖，高处远眺，恰似群山怀抱里捧着的一块深蓝清透的"碧玉"，被形象地称呼为"少女的眼泪""飞翔的蓝宝石"。湖区位于西藏山南市浪卡子县境内，距离圣湖羊卓雍措约60千米，距拉萨市约210千米，海拔5010米，面积295平方千米，称得上世界海拔最高的淡水湖。普莫雍错的水源主要来自雪山的融水，水质纯净甘醇，清澈透底，通透度则几乎可以与玛旁雍错相媲美，湖底布满了各种红色、蓝色、黄色的砾石，无不彰显着她少女般的独特气质。如果你冬季来到普莫雍错，她会给你呈现另一种"冷艳不惊"的美，眼前是蓝得出奇的结满冰层的湖面，晶莹剔透的冰块，犹如一方巨大纯蓝清透的"蓝宝石"。

"藏羚羊的故乡"——卓乃湖

卓乃湖，为音译过来的地名，寓意为"藏羚羊聚集的地方"。该湖位于青海省玉树藏族自治州治多县境内，属于可可西里国家级自然保护区内的明星湖泊，名气大的主要原因是卓乃湖区是国家一级保护野生动物藏羚羊出生的地方，因此素有"藏羚羊大产房"和"藏羚羊故乡"的美誉。研究显示，每年夏季6~7月，数以万计的藏羚羊从羌塘、阿尔金山、三江源国家级自然保护区开始了长200~400千米的大迁徙，最终到达卓乃湖区后，母羊才会产下自己的幼崽。要知道，卓乃湖的海拔接近5000米，地理条件和气候环境均比较严酷，况且湖区周围还有狼、狐狸等天敌的出没，藏羚羊面临着巨大的生存挑战。

因此，对于藏羚羊为什么会选择长途跋涉至卓乃湖繁殖后代，科学家们还存在争议，各自有着不同的观点。有科学家认为，藏羚羊通过长途迁徙淘汰掉体弱多病的个体，将优良的基因传递给自己的后代。也有科学家认为，卓乃湖区气候相对稳定，降雨充沛，食物资源丰富，天敌相对少，更有利于藏羚羊宝宝的生长。还有一些科学家提出了非常有意思的"假说"，认为藏羚羊妈妈保留了迁徙

冬日里的卓乃湖（连新明/供）

的记忆，因为藏羚羊宝宝的"外婆"或"奶奶"曾经带着藏羚羊妈妈也是这么长途跋涉的。对于藏羚羊迁徙至卓乃湖繁殖后代的真正原因，至今尚无统一的定论，有待科学家们继续努力探索。从藏羚羊迁徙的故事，我们不禁要感叹这群"高原精灵"的坚强与勇敢，敬佩着"母爱"的无私、不屈和奉献，这也正是卓乃湖"故乡"吸引无数人为之动容的独特魅力！

"绿色月牙"似玉石——巴松措

巴松措，又名错高湖，藏语中寓意为"绿色的水"，这大概就是她的独特之处了，湖水就像没有掺杂任何杂质的纯绿色月牙形玉石，静静地"躺"在郁郁葱葱的原始森林之中。湖区位于西藏林芝市工布江达县的东部地区，海拔仅3480米，属西藏地区海拔最低的高原湖泊。该湖长约18千米，面积约27平方千米，最大水深可达120米。巴松措的四周森林密布，峡谷纵切，四季景色各异，珍稀植物丰富，含氧量是西藏湖泊中最高的，一般不用担心出现缺氧的高原反应，被人形象地比喻为东方"小瑞士"。

湖区周围分布有结巴村、错久村等具有原始工布风情的藏式村落，原来其他藏区人民将生活在工布江达县境内的藏民称为"工布人"，意思是"生活在凹地里的人"。初入村落时，一股强烈的淳朴古老的人文原生态"味道"扑面而来，别致的服饰、独特的建筑、多样的节日、生疏的藏语，随处可见温馨善良的笑脸。山坡上放养的藏香猪，薄石板上烙制的麦饼、松茸烧鸡、巴河鱼、青稞面，迎客场上的哈达，豪放表演的藏舞，举杯畅饮的青稞酒，加上

西藏巴松措湖

蓝天白云、晴空碧波、和风绿叶的相伴，简直一片祥和幸福的"世外桃源"。

村落西南角矗立着一座"湖心岛"，有传说称该岛的中央是空心的，仿佛飘在湖面的一朵祥云，给人一种托物言志、无限遐思的奇特感受。

"莽女围裙"若仙境——莽措湖

莽措湖，位于西藏昌都市芒康县境内，距离芒康县城约90千米，湖面海拔4313米，总面积20多平方千米。湖区属温带半湿润气候，夏季凉爽宜人，月平均气温为12℃左右，是观湖的最佳季节，冬季冰霜降雪时间长，是难得的欣赏雪景的网红打卡地。湖区绿草丰盛，鱼类资源丰富，吸引成群的黑鹳、白鹳以及小型鸭类等在此繁衍筑巢，湖水纯净清幽，远处巍峨的雪山倒映碧波深处，身临其境，恍如人间仙境。

莽措湖的形状好像一条藏式围裙，据当地人说这里还有一个神奇的传说。相传过去这里住着一位贤淑善良的莽女，在一个异常干旱的季节，她看到一头白色的牦牛在一块扁平的石头缝处饮水，她掀开了那块石头，只想让其他牛羊也能喝到水，没想到石头下面的泉水喷涌而出，水势越来越大，竟然将整个草场都淹没了。她便将牲畜全部赶往山上，可水依然继续往上涨，她灵机一动，将腰间的围裙扔到水中，水便形成了"围裙"的形状，迅速停止了上涨，"莽措"因此而得名。当地的藏族人将她视为"圣湖"，加以供奉和敬拜，祈祷风调雨顺、扎西德勒！

（执笔人：唐利洲）

（奚志农/摄）

　　云贵高原包括云南省东部，贵州全省，广西壮族自治区西北部和四川、重庆、湖南、湖北等省边境。自中新世晚期以来，云贵高原新构造运动强烈，夷平面、高山深谷和盆地等交错分布。湖区拥有面积大于1平方千米的湖泊65个，合计面积1200平方千米，约占全国湖泊总面积的1.5%，湖泊率为0.3%；其中，面积大于10平方千米的湖泊13个，合计面积1103.33平方千米。除程海为微咸水湖外，其余均为淡水湖。一些较大的湖泊分布于断裂带和各大水系的分水岭地带并沿褶皱断裂构造方向排列，湖泊长轴与深大断裂走向基本一致，多为构造湖。

　　本区湖泊主要分布在滇中和滇西的一些断裂带上，以海拔较高，湖岸陡峻，面积较小而湖水较深为其主要特征。主要湖泊有滇池、洱海、抚仙湖、泸沽湖、阳宗海和程海等，其中，抚仙湖深155米，为中国第二深水湖。

中国的湖中美人
——云贵高原湖区

世外桃源
——彩云之南湖泊群

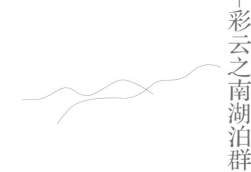

云贵高原上的璀璨明珠——滇池

滇池，亦称昆明湖、昆明池、滇南泽、滇海，早期湖水清澈、鱼跃鸟飞，被誉为"高原明珠"。滇池在昆明市西南部，有盘龙江等32条河流注入，湖水在西南海口泄出，称螳螂川，为长江上游干流金沙江支流普渡河上源。

滇池湖体南北走向，略呈弓形，弓背朝东。南北湖长40.4千米，平均湖宽7.0千米，最大宽度12.5千米。水面海拔1887.4米时，总面积309平方千米。滇池北部有一个长3.5千米天然沙堤，作东西向延伸，东端与盘龙江三角洲相连，西端伸入水下直达西山山麓。该沙堤俗称海埂，将滇池分为北侧的草海和南部的外海。草海面积原约22平方千米，经多次改造，今缩小到10.67平方千米。外海为滇池主体，面积300.66平方千米，最大水深10.0米，平均水深4.4米，容积12.0亿立方米。

滇池流域属于南北走向的山地区域，总面积2920平方千米，最高峰为南部的梁王山主峰，海拔2820米。地形为四周山地中间盆地，分山地、盆地和滇池水体3个部分。

滇池属地震断层陷落型湖泊，大约中生代末与新生代初（距今约7000万年），古盘龙江已发育，由于长期的流水侵蚀作用，昆明附近成为宽浅的谷地。到新生代中新世晚期（约在1200万年前），云南大地发生多次间歇性的不等量上升，后又出现南北向的大断裂。断层线以西，地壳受到抬升，形成山体陡峻的西山，似从湖畔拔地而起；断层线以东相对下沉，加之晋宁县西南部与玉溪市交界的刺桐关山地的抬升，导致古盘龙江南流通路被阻，积水而成为古滇池。

距今340万年，断裂加深，古滇湖泊里山峦凸起，残存的水洼即为今滇池、阳宗海、抚仙湖、星云湖等湖泊的前身。昆明盆地向南的流水被隆起的山地阻隔，积水成为古滇池，从刺桐关流入红河，属红河水系。后来，普渡河断裂西侧的河流袭夺，为今海口的螳螂川，古滇池水沿螳螂川、普渡河流入金沙江。也就是说，地质断裂陷落，使滇池从红河水系变为长江水系。

滇池盆地周围的山地，断续分布着一些台地或丘岗，顶部较为平坦，属于湖相堆积阶地和磨饰阶地，海拔在2030～2060米。山麓盆地周围又出现略低一级的低丘，海拔为1950～1970米，这些低丘顶部较平缓，多为古老地层，而下部为湖沼或河流相沉积。

盆地里的众多丘岗或小岛形态很特殊。接近山麓的丘岗，如北部蛇山山麓和东南部梁王山山麓的丘岗，呈四向对称的圆形山丘。接近滇池的丘岗，如北部的圆通山、五华山和南部的长腰山、梁王山，背离滇池水面一侧比较平缓，而濒临滇池一侧的迎水面多陡峭。今滇池湖岸一些高出水面约10米的陡峭的地方，多有石灰岩洞穴，为浪饰

蓝天白云下的滇池（吴兆录/摄）

和溶饰作用的结果。由此看出，高出今湖面约10米的古滇池水面，保持着长时期的稳定状态，湖面约600平方千米。之后，湖面快速下降，一些较大河流的三角洲向湖心倾斜延伸。

人类历史时期，滇池呈水位逐渐下降、湖面不断缩小的趋势。有规划而系统改造滇池水域的人类活动始于元朝。元朝为实现南北包抄覆灭南宋的目标，先征服西南诸藩。公元1273年，赛典赤主政云南，在昆明设行政中心，开始军民屯田。1276年，在北部山地的狭窄箐口修筑松花坝，设立可以"以时起闭"的闸门管控河水。在滇池盆地以"水分势弱"为原则，开挖和疏浚金汁河、银汁河、马料河、宝象河、海源河、盘龙江，并加固堤坝，减缓水患。1275—1278年，在滇池出水口疏浚河道、深挖河床、清除顽石、修建石坝，"役丁夫二千人治之，洩其水，得壤地万余顷，皆为良田。"

元初的滇池水利并非一劳永逸。明代弘治十四年（公元1501年）再次疏浚海口河，河床降低，两个巨大石滩露出水面，将河道一分为三。俯视海口河道，流水形如"川"字，川上有闸，称"川字闸"。2014年，在川字闸前方约500米的地方，修建了新的钢闸，可自动调控滇池水位。

气候变迁，泥沙淤积，堤坝坍塌，滇池水患不断，加上垦地扩田的不断需求，控制滇池水位的活动一直沿袭下来，但是基本都保持元代水利的上堵、下疏、中部加固堤坝的基本方式。

20世纪末期，水资源短缺和滇池水体污染，直接限制了昆明的发展。为了满足城市发展，启动了外流域引水济昆工程，已经建成逐步向昆明供水的引水工程，包括2007年3月开始运行的禄劝掌鸠河引水工程，2012年4月的寻甸清水海引水工程，2015年12月的牛栏江—滇池补水工程。2017年启动的滇中引水工程，从丽江石鼓镇望城坡开始，途经丽江市、大理州、楚雄州、昆明市、玉溪市，终点为红河州新坡背，输水总干渠总长664千米，全面解决了云南东部缺水问题，其中的一个重要功能，就是提供水资源以解决昆明城市发展用水和滇池水环境治理。

过去的漫长岁月里，滇池经历了悲惨遭遇。今天的滇池得到全面拯救，回到了人类怀抱。

中国的湖中美人——云贵高原湖区

苍山脚下的清溪芳泽——洱海

洱海位于云南省大理白族自治州的大理市，为云南省第二大湖。洱海湖面海拔1973.7米，水域面积250平方千米，湖周长117千米，南北长42千米，东西宽3.4~8.4千米，平均宽6.3千米，平均深10.5米，最大水深20.5米，蓄水量28.2亿立方米。

洱海和洱海西侧雄伟的苍山，是大自然鬼斧神工的杰作。云贵高原与横断山区之间，有一条称作云岭的巨大山体。云岭山脉的南段称为苍山，南北绵延45千米，东西宽约10千米，有海拔均在3500米以上的山峰19座，最高处为海拔4122米马龙峰。西坡漾濞河谷海拔约1560米、东坡大理盆地海拔约1940米，突显出苍山的雄伟高大。苍山主体由变质岩系组成，东坡3200米至3700米地带的混合花岗岩受构造应力作用，垂直节理和张性裂隙比较发育，抗侵蚀能力不尽相同，出现多级悬崖式河床，断坎潭穴交替，形成苍山18溪，携带水石砂砾奔腾倾泻，进入洱海盆地。

洱海盆地是在苍山隆升过程中相对陷落的地块，主构造线为北—北西向，南起大理市下关，北至洱源县右所，南北长约60千米，东西宽约15千米。洱源盆地海拔约2050米，有弥茨河、凤羽河将海西海、茈碧湖串连起来，从茈碧湖流出的海尾河行走8.5千米后遇到山地，经过一个称作龙马涧的隘口出山进入洱海盆地。盆地以东是玉案山，出露岩层为古生代沉积的石灰岩。盆地的南、西、北三面受河流冲积形成洪积平原，苍山东麓18条溪溪口横向连接成洪积裙，东侧偏南积水为洱海。洱海为地堑式湖盆，岸坡陡峭，岸线平直。东岸石灰岩出露，湖岸曲折多

苍山脚下的洱海（周平/摄）

弯，湖中有"三岛"——金梭岛、玉几岛、赤文岛，湖滨有"四洲"——青莎鼻洲、大鹳溺洲、鸳鸯洲、马濂洲。

洱海流域积水面积2565平方千米，湖水主要来源于地表水和地下水。入湖河道沟渠117条，洱海湖水从西南角的西洱河流出，流入漾濞江，汇入澜沧江。洱海来水河流众多，西有苍山18溪汇集苍山东坡流水，南有波罗江、金星河，东岸有凤尾箐、玉龙河等数十多条河流。最主要的水源来自北面的弥苴河。

弥苴河是由2个盆地的一系列河流、湖泊构成的水系。汇集了弥宜河、罗时江、永安江和西湖的流水，南行22.3千米注入洱海。弥苴河积水区面积1256.1平方千米，多年平均径流量8.13亿立方米，占洱海补给水量的59%。

洱海的湿地动植物丰富而独特。根据《云南湿地》，洱海水域共记录30种鱼类，包括土著鱼类17种，其中，油吻鲅鱼等8种鱼类为该地特有种，云南裂腹鱼等3种为云南高原湖泊特有种。云南湿地属于中国乃至欧亚大陆鸟类繁殖和迁徙的重要栖息地，洱海有着丰富的湿地鸟类，迄今共记录到55种。被世界自然保护联盟列为极危物种、中国列为国家一级保护野生物种的青头潜鸭，2018年、2022年多次现身洱海，可见洱海在水鸟繁殖和迁徙中扮演着多么重要的角色。

洱海流域有高等水生植物51种，构成了以茭草、菹草、眼子菜、海菜花、黑藻为优势的湿地植物群落，为鱼类、鸟类提供了良好的栖息场所和丰富的食物，也为人类观光提供了美丽景观。《山海经·西山经》记载："西五十里，曰羆谷之山，洱水出焉，而西流注于洛，其中多茈碧。"据考证，这里的"茈碧"为睡莲科植物，因此得名茈碧莲，这也是茈碧湖名称的由来。茈碧莲午时盛开日西闭花，花心金黄，花瓣嫩白透红，芳香四溢，嫩的茎秆还是美味佳肴。因环境退化和过度采集，野生种群已经十分稀少，成为极小物种。2020年5月昆明植物园在茈碧湖附近和苍山上海拔3000米的湿地发现了野生种群，并进行了迁地保护，繁殖扩增。

中国最大深水型淡水湖泊——抚仙湖

抚仙湖位于云南省玉溪市的澄江市、江川区、华宁县三县间，距昆明40多千米。抚仙湖总体形状像个南北

梁王山上向南远眺群山包围的抚仙湖（吴兆录/摄）

方向摆放的葫芦，北部宽敞水深，南部狭窄水浅。南北长31.5千米，东西宽11.5千米，最窄处仅有3.2千米，平均宽6.7千米，湖岸线总长90.6千米。抚仙湖水面海拔1721米，最大水深157米，平均水深87米，是云南省第一深水湖泊，我国最大的深水型淡水湖泊。抚仙湖水域总面积212平方千米，总蓄水量189亿立方米，就蓄水量来说是中国第二大淡水湖泊，是云南全省30多个湖泊总蓄水量的2倍，就面积来说是云南省第三大湖泊。

据传，有神仙云游梁王山南麓的这片水洼，留下遗物，得名抚仙湖。

抚仙湖流域面积1084平方千米，湖水基本由雨水补给，主要的入湖河流中南有连接星云湖的玉带河，北有梁

抚仙湖（吴兆录/摄）

王河、东大河、西大河，还有西龙潭、热水塘的泉水流
入。出水口为东北边的海口河。抚仙湖的面积虽不及滇
池、洱海大，但抚仙湖蕴藏着丰富的自然资源，是云南省
境内容积最大的湖泊，蓄水量仅次于我国最大的淡水湖
泊——鄱阳湖（248.9亿立方米），而高于洞庭湖（178.1
亿立方米），占云南省湖泊总贮水量的78%，相当于滇池
和洱海总蓄水量的近5倍。出水口的海口河落差很大，河
长仅15.25千米，落差达385米。

　　距今约6500万年的新生代，今云南中部地区是个巨

大的古滇湖泊。中新世晚期（距今约1200万年）发生了多次间歇性的地壳不等量上升和大断裂。到了距今340万年的时候，断裂加深，古滇湖泊里山峦凸起，梁王山高高隆起，残存的水洼被分隔为今滇中湖泊群的滇池、阳宗海、抚仙湖、星云湖、杞麓湖。站在梁王山上向南俯视，两边是连绵起伏的石灰岩山地，急速往中间下沉为东西宽不到15千米的谷地。谷地里，由北而南，依次是澄江盆地、抚仙湖、星云湖和江川盆地，之后再慢慢爬上远处的山梁。

抚仙湖四周支流不多，陆源腐殖质极少，加之湖岸周围和湖内水下有大量的地下泉水涌出，湖水清澈纯净，属于贫营养性湖泊。水体透明度在4.9～12.5米，平均透明度6.5米，pH8.36。抚仙湖深水区常年湛蓝湛蓝的，是中国内陆淡水湖中水质最好的湖泊之一，也是云南水质最好湖泊之翘楚。

　　星云湖是抚仙湖的上游，曾经的星云湖，水清见底，皎月洒落湖水，像繁星又像云朵，因而得名星云湖。流域面积378平方千米，周围的河流16条，都是季节河，夏秋水位上升，春末夏初水位下降，升降幅度在1米左右。水面呈肾形，南北长10.5千米，东西均宽3.8千米，最窄处2.3千米，湖岸线36.3千米，水面总面积34.71平方千米，平均水深7米，最大水深10米，透明度1.5米，蓄水量1.84亿立方米。

　　连接抚仙湖和星云湖的玉带河（又名隔河）为星云湖的唯一出湖河流，年平均流入抚仙湖的水量约为0.25亿立方米。因阻塞洪水，1804年、1922年和1987年先后3次进行了较大的修凿、衬砌和疏浚，形成今长2.2千米、深5米、宽8米的两湖界河。在界河上设有可调控的闸门，把星云湖的水位控制在最低1721.50米和最高1722.50米之间。用闸门控制星云湖流水的另一个原因是为了保护抚仙湖的水质。20世纪末期，因水产养殖过度，星云湖水质严重污染达到Ⅳ～Ⅴ类，并时有蓝藻水华爆发。雨季的中期后期，大量污水注入抚仙湖，河口2千米范围的区域水质被污染。将污水控制在星云湖，净化后再排出，实属无奈之举。

　　抚仙湖属于深水贫营养型湖泊，水质清澈透明，含沙量很少，由于石灰岩山地较多，故水的硬度较大，湖中水生生物种类较贫乏，数量也较少，是鱼类产量较低的湖泊类型。

　　据《云南湿地》记录，抚仙湖和星云湖本为一体的两个湖泊，鱼类组成却很不同。抚仙湖有鱼类39种（亚种），包括25种土著鱼，其中，13种为抚仙湖特有。星云湖有鱼类28种，包括15土著鱼，其中，3种为星云湖特有。星云湖最有名的一种鱼是大头鲤，俗称大头鱼，身肥味美，为星云湖和杞麓湖的特有种，早在明代的正德年间（1506—1521年）就被记述为滇中著名渔鱼。抚仙湖最有名的一种鱼是鱇浪白鱼，俗称鱇浪鱼，为抚仙湖的特有种，清代康熙皇帝偶尔品尝后给予高度赞誉，后成为进贡佳品，20世纪80年代前占抚仙湖全湖渔业产量的60%以上。玉带河尚未被修葺、拉直之前，大头鲤顺河北下鱇浪鱼顺河南上，到了一定距离，各自原路返回，从不相遇。人们将其从不到达的河段上的巨石定为界石，有"以石为界，湖鱼老死不相往来"的说法。这一奇观被列为抚仙湖一景。

从生态学的角度看，这是鱼类的一种生态适应。鱇浪鱼喜欢水质清新且含氧较高的水域环境，多栖息于深水鱼洞或砂砾中，食性较广，而大头鲤喜欢水质清澈的水体上层，主食浮游动物，食性单一。大头鲤因外来鱼种竞争、水质污染和自身繁殖能力不强，野生种群数量急剧减少，早在1989年就被列为国家二级保护野生物种。鱇浪鱼生活的抚仙湖水质清澈，加上其自身生性活泼，繁殖能力强，并未被列入《国家重点保护野生物种名录》。

杜鹃醉鱼的美丽传说——碧塔海

云南西北部的高原森林中镶嵌着一方宁静的水洼。四周森林如毡毯，中间碧水像明珠，藏语称作碧塔德措，汉语为碧塔海。入夏的6月，水面上漂浮着白里透红的杜鹃花瓣，花瓣之间水波晃动处，是侧卧或仰卧的野鱼，吧嗒着大嘴奄奄一息地喘气。这一奇妙的自然现象被称为"杜鹃醉鱼"。

碧塔海是大自然鬼斧神工的杰作，属于断陷溶蚀冰川改造的天然湖泊。更新世中晚期（距今约10000万年）的喜马拉雅造山运动，使康滇古陆不断抬升和不均衡沉积，造就山地包围洼地的格局。碧塔海就是地貌差异抬升或下沉的洼地，经过冰川作用的改造，大量冰渍物堆积、冲蚀、沉积，形成当前的模样。

神秘的碧塔海（吴兆录/摄）

　　碧塔海是永久性淡水湖泊。四周是海拔3600～3800米的山地，南、西、北三面各有一个沼泽化草甸，湖中东北侧有座露出水面数米高的孤岛，有2条小溪进入湖泊。湖水向东侧流出约500米后，没入地下溶洞，最后汇入金沙江。碧塔海东西长约3000米，南北平均宽700米，最宽1500米，最窄300米，湖面海拔3539米，平均水深20米，最深处约为40米，水域面积1.59平方千米，像个弯弯的海螺静静地躺在森林草甸之中。年平均气温5.4℃，冬季湖面封冻3～4个月，山地积雪达7～8个月，年降水量620毫米。由于气温低，湖水里的腐殖质不易分解，湖水呈淡棕色，属于贫瘠营养湖。

　　碧塔海水域面积小，但生物多样性却十分独特。湖泊湿地里有水毛茛、中甸乌头等横断山区特有植物，周围森林优势种为长苞冷杉、油麦吊云杉、大果红杉和高山松，均为川西、滇北和藏东南的特有树种。森林、草甸和水域里，经常出没云豹、黑颈鹤、绿尾虹雉等国家一级保护野生动物，猕猴、猞猁、中华鬣羚、血雉、藏马鸡等国家二级保护野生动物，以及黑熊、棕熊、藏鼠兔、画眉等数十种经济和观赏动物。

最为特殊的是，湖中生活着中甸叶须鱼。叶须鱼属隶属于鲤科裂腹鱼亚科，全世界有9种，起源于迄今250万年的更新世早期，其祖先种类到中更新世就逐步消亡。云南西北部更新世以后的各个冰期，没有大面积的冰盖，相对不甚寒冷，叶须鱼演化产生的中甸叶须鱼存活至今，分布范围仅局限于碧塔海及其附近，属于特有物种。最近30年环境有所退化，观光人群涌入，中甸叶须鱼的野外种群数量减少，2017年的《中国物种红色名录》将其认定为濒危物种。进入夏季，水温渐暖，中甸叶须鱼开始繁殖，它们产卵累了会漂浮在水面休息，有的不久就醒来，摇头摆尾地游来游去。我们曾经看到，没有杜鹃花瓣的水域，也有产卵劳累的鱼漂浮在水面休息，像在"酣睡"。而杜鹃醉鱼，则是人们对和谐生命的赞誉。

为了保护这块有着完整自然属性和深邃文化内涵的碧塔海圣地，1984年云南省人民政府批准建立碧塔海省级自然保护区，2005年又被列入《国际重要湿地名录》。2006年，云南省迪庆藏族自治州通过地方立法，斥资建设香格里拉普达措国家公园，碧塔海就属于其核心地带，得到了更好的保护管理。2016年，普达措国家公园被列入首批国家公园体制试点，保护优先的管护理念促进碧塔海走向更加自然、宁静、美丽的明天。

（执笔人：吴兆录）

中国的湖中美人——云贵高原湖区

西南海子
——云贵高原上散落的珍珠

中国黑颈鹤之乡——草海

草海又名松坡湖、南海子、八仙湖，为中国面积最大的构造岩溶湖，位于贵州省毕节市威宁彝族回族苗族自治县，地处云贵高原乌蒙山区腹地，湖中水草繁茂，故名草海。1985年，贵州省人民政府建立了以草海湿地生态系统及其珍稀鸟类为主要保护对象的综合性自然保护区，1992年被国务院批准为国家级自然保护区。因为其完整、典型的高原喀斯特湿地生态系统，以及独特的生态环境为中国特有的黑颈鹤等珍稀鸟类提供了重要的越冬地，草海在《中国生物多样性保护行动计划》中被列为一级重要保护湿地。

草海正常蓄水面积为19.80平方千米，正常水位2171.7米，最大水深约5米，平均水深2.4米。受季节性降水的影响，丰水期水位可达2172.0米，相应水域面积26.05平方千米；枯水期水位降至2171.2米，相应水域面积15.00平方千米。草海集水面积127平方千米，补给系数5.1。湖水依赖地表径流和湖面降水补给，主要入湖河流有大中河、卯家海子河、清水沟、东山河、白马河等，入湖径流流量最大的为大中河和卯家海子河。水位超过2171.7米时，湖水漫过滚水坝，经大桥流入黑龙洞，进入地下成为潜流，至松林复出地表，经横江注入金沙江。

早第三纪末，草海地区表现为强烈的断块运动，周围地块为上升地块，形成断块山地，草海地块为下降地块，断陷沉降形成断陷盆地地形。中更新世后，草海周围断层重新复活，受东西向应力的挤压，高原进一步隆升，断块差异运动显著，草海周围断块再度抬升、草海地块则断陷沉降形成湖盆。此后，断层活动依然频繁，湖盆进一步沉降，形成高原断陷湖盆，岩溶作用在构造断陷基础上积水成湖。后因构造变动和河网变迁，草海曾经消失。据史料记载，明洪武年间"诏卫兵屯兵""迄今鞠为牧草，郡民牧草其中"，说明当时草海已成为可耕、可牧的坝区。现今的草海形成于清代，据称"清咸丰七年（1857年），7月落雨40余昼夜，山洪暴发，夹沙抱木，大部分落水洞被堵，洪水无法宣泄，盆地东南部被淹成湖。"直至1958年前，草海虽几经变迁，但仍保持水量充沛、生物类型多样的高原湖泊景观。20世纪70年代，受"以粮为纲"思潮影响，将黑岩洞、丘土头两大落水洞凿通排干湖水，一度演变为沼泽湿地，以利围湖造田，当时残存湖面仅仅5平方千米，引起气候反常、候鸟他迁、土壤沙化、灌溉水量短缺等生态失调和环境恶化问题。1980年，贵州省人民政府干预，决定恢复草海，于1981年采取蓄水填堵工程，1982年一期蓄水工程完成，草海得以恢复。

草海区域属于亚热带高原季风气候区，具有日照丰富、冬暖夏凉、冬干夏湿的气候特征。年平均气温10.9℃，最热月（7月）平均气温17.3℃，最冷月（1月）

贵州威宁草海（张霄林/供）

平均气温2.1℃。无霜期137～258天，平均190.5天。年均降水量903.6毫米，降水主要集中在5～8月，约占全年降水总量的70%。年平均蒸发量948.7毫米，蒸发主要集中于3～5月，约占全年蒸发总量的44%。保护区日照充足，光能资源丰富，平均日照时数1456小时。湖区多大风，年平均大风日数为31天，春季最多，平均24天。由于春季多大风，加剧了湖区水分蒸发，导致蒸发的旺盛季节提前于降水季节，即蒸发超前于降水，易形成春旱。

草海有浮游植物247种，绿藻门在物种组成上占显著优势，蓝藻门和硅藻门次之。浮游动物136种，其中，原生动物26种，轮虫类65种，枝角类27种，桡足类18种。草海夏季浮游植物细胞平均数量为$3.94×10^6$个/L，秋季为$3.22×10^6$个/L。草海夏季浮游动物个体平均数量为385.78个/L，秋季为634.26个/L。草海有底栖动物

52种，其中，腹足类9种，甲壳类2种，寡毛类12种，
蛭类2种，水生昆虫27种，以中华圆田螺、中华颤蚓和
雕翅摇蚊为优势种。有水生维管植物68种，分布的主要
水生植物群落有芦苇群落、李氏禾群落、水葱群落、荇菜
群落、眼子菜群落、金鱼藻群落、光叶眼子菜群落、微齿
眼子菜群落、海菜花群落，其中，海菜花属国家三级珍
稀濒危保护植物。草海有鱼类18种，土著物种较少，外
来物种较多，以鲫、黄黝鱼、彩石鲋、麦穗鱼为优势种，
鲤、泥鳅、普栉虎鱼、黄鳝为常见种，鲢、青鳉、黄颡
鱼、埃及胡子鲶、草海云南鳅为偶见种。草海是贵州省候
鸟的主要栖息地，以灰鹤为优势种群，属国家保护的一级
珍稀鸟类有黑颈鹤、白头鹤、白鹤、游隼4种；二级的有
白琵鹭、鸢䳭等11种，以及凤头鹰等48种。黑颈鹤每年
10月底陆续从繁殖地川西高原若尔盖湿地抵达草海湿地
越冬，至次年3月再陆续飞离。自2015年以来，到草海

越冬的黑颈鹤种群数量1500~2000只，草海成为最大的黑颈鹤越冬地之一。

近年来由于草海湿地周围年平均气温呈上升趋势，年降水量总体呈下降态势，导致水资源量较少，制约了湿地植物的生长，影响了动物的生存与发展。加之，草海湿地周围人口过多，人口自然增长率高，导致草海湿地周围地区人口数量增加幅度大，加大了资源环境的压力，引起一系列生态环境问题（如湿地面积退化，湿地边缘植被和栖息地环境被破坏等）以及相应生态系统调节功能（如水质净化功能、侵蚀控制功能等）降低。最后，湿地周围的生产、生活及农业生产活动等未注意污染防治问题（如城乡生产生活污水、生活垃圾、农业面源污染等），导致水质状况变差。近年来，贵州草海的沉水植物出现明显退化，沉水植被面积逐步减小，深水区沉水植被消失，因此恢复沉水植被，拯救草海生态系统迫在眉睫。

摩梭人的"母亲湖"——泸沽湖

泸沽湖古称鲁窟海子，又名左所海，俗称亮海。纳西族摩梭语"泸"为山沟，"沽"为里，意即山沟里的湖，因其位于左所附近，故名左所海。泸沽湖由亮海和草海组成，位于宁蒗北部永宁镇和四川盐源左侧的万山丛中，距宁蒗县城73千米，距丽江县城280千米。泸沽湖为四川和云南两省界湖，为四川和云南两省共有。

泸沽湖属于受岩溶作用影响的高原断陷湖泊，湖中有5个全岛、3个半岛和1个海堤连岛。湖面海拔2690.75米，是云南海拔最高的湖泊。泸沽湖是中国第三深的淡水湖，湖泊略呈北西—东南走向，南北长9.5千米，东西宽

群山怀抱的泸沽湖（陈剑锋/供）

5.2千米，湖岸线长约44千米，面积48.45平方千米，最大水深93.5米，平均水深40.3米，蓄水量19.53亿立方米；草海长7.5千米，最大宽1.5千米，平均宽1.0千米，面积7.4平方千米，夏季水深1.5~2.0米，与亮海连通，冬季枯水成沼泽湿地。湖水依赖地表径流和湖面降水补给，集水面积171.4平方千米，补给系数3.54。入湖主要河流除三家村河、山跨河外，还有10余条溪涧及石灰岩岩溶地下水补给，年出入水量基本平衡，水位年平均变幅在1.5米左右。每年6~10月为雨季，出湖流量为3~5米/秒；1~5月，湖水基本无外泄，湖泊换水周期达18.5年，属半封闭湖泊。湖泊唯一出口位于草海，湖水经海门河、祖盖河、盐源河、小全河入雅砻江，最后汇入金沙江。

泸沽湖属于亚热带高原季风气候，具有暖温带山地季风气候的特点，冬季受干燥的大陆季风控制，夏季盛行湿润的海洋季风，干湿季节分明，年平均气温12.8℃，多年平均降水量为920毫米，全年降水量约85%集中在雨季，1~2月有少量雨雪，年相对湿度70%。全年日照时数为2260小时，日照率57%，无霜期190天。

泸沽湖水质类型属于重碳酸盐类钙组Ⅰ型水。2008年调查显示，泸沽湖总氮均值为0.17毫克/升，总磷均值0.013，高锰酸盐指数（COD_{Mn}）均值1.63毫克/升，叶绿素含量均值0.82微克/升，富营养化指数均值11.6，属于贫营养湖泊。湖水透明度在6.0~12.0米，水体营养水平相对稳定，一直保持为Ⅰ类水质。

泸沽湖水生植物群落（陈剑锋/供）

泸沽湖有浮游植物148种，小转板藻、克洛脆杆藻为主要优势类群；浮游动物95种，透明溞、方形网纹溞为主要优势类群。浮游植物全年平均密度约为24.1518×10^{4}个/L，全年浮游动物平均密度约为36个/L。泸沽湖南部湖湾区是水生植物分布的主要区域，轮藻、光叶眼子菜、波叶海菜花为主要种类，沉水植物最大分布水生可达11米。云贵高原其他主要湖泊的波叶海菜花种群因生境受到破坏和污染出现严重退化，而泸沽湖的波叶海菜花生长良好，种群稳定，因此显得格外珍贵。泸沽湖有鱼类17种，土著鱼类仅2属4种，分别为泥鳅、厚唇裂腹鱼、宁蒗裂腹鱼、小口裂腹鱼，外来鱼类包括草鱼、鲤、鲫等。泸沽湖是许多鸟类的栖息地和越冬场所，2016—2017年的调查记录到利用水域和湿地的鸟类49种，其中有国家一级保护野生动物白尾海雕；国家二级保护野生动物有4种，分别是灰鹤、白尾鹞、普通鵟和红隼。

目前，泸沽湖生态环境仍处于较好的状态，但是旅游业的发展给泸沽湖生态环境保护带来一定的压力，需处理好资源保护和经济发展的关系，促进两者协调发展。另外，湖泊内3种裂腹鱼受外来鱼种引入、捕捞强度过大、水质变差等诸多因素的持续影响，种群密度逐年下降，急需开展抢救性的保护措施。

大自然的鬼斧神工——九寨沟

九寨沟在四川省九寨沟县境内，距离四川成都市400多千米，系长江水系嘉陵江上游白水江源头的一条大支沟，因沟内有9个藏族村寨而得名九寨沟。九寨沟主沟长30多千米，南高北低，南缘山峰达4500米以上，北缘九寨沟口海拔仅2000米，峰顶和两侧山峰基本终年积雪。

九寨沟的湖泊、瀑布、钙华滩最为独特，有大小湖泊114个，湖面面积3.5平方千米。九寨沟的群山如拱如揖，终年积雪的数十座山峰皑皑如银，高高插入云霄；沟谷里地形呈台阶式下降，有很多堰塞湖，还有少量冰川剥蚀湖，它们彼此相连，形如串珠，湖与湖之间，或溪流潺潺，或瀑布倾斜，颇为壮观。

长海是九寨沟最大、海拔最高的湖泊，长约5.0千米，宽仅300米，面积2.0平方千米，湖面海拔3060米。长海沿山弯曲延伸，深藏于重峦叠嶂的山谷之中，湖水湛蓝，皑皑雪峰和"U"形谷倒映湖中，渺然媚雅。镜海以

五彩斑斓的九寨沟湖泊（周平/摄）

性格宁静著称，湖面水波不兴，清澈如镜。五彩池和五花海是九寨沟湖泊中的精粹，阳光下，湖水呈现出黄、绿、蓝等色彩，绚丽夺目，美妙绝伦。

湖水之所以这样美丽灿烂，是多种因素综合作用的结果。首先，来自雪山的融水和森林流泉，杂质很少，异常洁净，再加上梯湖的层层过滤，水色清澈如镜，蓝碧晶莹。其次，湖水富含钙离子、镁离子，在水中常年沉积渐渐堆积成不同形状的乳白色的碳酸钙结晶，湖中还生长着水绵、轮藻等生物，死亡后大量堆积于湖底，这些碳酸钙结晶和生物堆积物都会反光、折射。最后，在阳光的照射下，湖底色彩斑斓的沉积石，与倒映湖中的湛天、雪峰、绿树相互交映，呈现出蓝、黄、橙、绿多彩的如诗如画的水景奇观。

为了保护生活在这里的大熊猫、金丝猴、白唇鹿、羚牛等珍稀野生动物及其栖息繁衍的森林和湿地生态系统，国家对九寨沟给予重点保护。九寨沟自然保护区1978年12月建立，1994年7月晋升为国家级自然保护区，1997年10月成为世界生物圈保护区网络成员。当前，九寨沟的保护面积达720.0平方千米，雪山更洁白，森林更翠绿，水景奇观更为壮丽。

（执笔人：何亮）

中国的湖中美人
——云贵高原湖区

　　湖泊湿地既是淡水资源的重要储存器和调节器，又是重要的战略性自然资源，生态地位至关重要，在洪水调蓄、农业灌溉、城镇供水、水质净化、生物栖息、旅游观光、水产养殖、交通航运和流域水资源供给等方面都发挥着不可替代的作用。特别是我国大部分湖泊（西部内陆流域一些封闭型湖泊除外），都与流域江湖有着自然的水力联系。

　　中国生态文明建设的有序推进，特别是"绿水青山就是金山银山""山水林田湖草沙冰是生命共同体""人与自然和谐共生"理念的贯彻落实，以及"美丽中国""生态美丽河湖"等战略目标的有序推进，未来中国湖泊将逐步成为健康湖泊、美丽湖泊、纯净湖泊、和谐湖泊，湖泊的生态功能将得到有效发挥，生态价值将得到有效实现。

中国湖泊湿地的未来

神州明珠——湖泊湿地

构建中国湖泊的
未来目标

　　我国众多的湖泊是镶嵌在祖国大地上的颗颗明珠，是大自然赐给我们的宝贵的财富，但由于近半个多世纪人类对湖泊的不合理利用，使明珠蒙尘，从而给人类的生存与发展造成严重危害。未来，随着中国生态文明的建设与发展不断深入，人们的环境保护意识也不断增强，让明珠重放光彩的呼声正日益高涨。中国湖泊未来建设与发展的目标是将湖泊建设成为健康湖泊、美丽湖泊、纯净湖泊、和谐湖泊，形成人与自然和谐共生新格局，实现湖泊功能的可持续利用。

健康湖泊

　　湖泊的健康，是区域自然生态系统健康的基础性、关键性因子。疏通江河湖泊通道，增强调蓄涵养功能，保持自然生态系统"血脉"畅通，是维护自然生态系统健康和实现人与自然和谐共生的关键所在。践行绿色发展理念，维护自然生态系统健康，使水波潋滟的湖泊成为满足人民群众日益增长优美生态环境需要的内在要求。

　　湖泊的健康，不能以湖治湖，需要将湖泊纳入山水林田湖草沙冰生命共同体，把湖泊流域作为保护和修复的有机整体，按照山水林田湖草沙冰生态系统的完整性、系统性及其内在规律，统筹考虑自然生态各要素、山上山下、地上地下、流域上下游，把治理水土流失、保护物种栖息地、修复矿山环境、维护水源涵养功能、提升水环境质量等任务有机结合，进行整体保护、系统修复、综合治理，以维护湖泊乃至其流域生态安全。此外，需要充分发挥大自然的自我修复作用，增强林草和地下含水层的水资源涵养功能，提升江河湖泊对水的"吐纳"和"储存"能力，化害为利，永续利用。

美丽湖泊

湖泊是绿水青山的重要组成部分，是生态文明的底色。建设水清、岸绿、河畅、景美的美丽湖泊，将湖泊资源与土地资源、旅游资源、生态资源等进行综合开发，形成生态景观、旅游观光、民俗休闲等产业，体现美丽湖泊的经济价值。特别是在一些具有特色产业（集群）的区域，充分发挥美丽湖泊"绿水"的资源功能，通过设计"好水酿好酒""好水浇好茶"等产业发展模式，让这些产品与生态标签挂钩，打造绿色产品产业链，产生绿色国内生产总值。

美丽湖泊建设，将以水为核心，促进山水、文化、旅游等资源整合，结合全域旅游布局，挖掘、提炼并合理融入湖泊地域文化，结合湖泊生态功能定位，打造有文化记忆、治水精神、地域人文、特色风貌、诗情画意、休闲野趣、浪漫情怀、健康生态等主题的湖泊特色文化，丰富提升美丽湖泊的文化内涵。同时，合理建设滨水慢行道、水文化公园、亲水平台等亲水便民设施和安全救生设施，坚持可持续发展，带动文创、旅游等产业，推进湖泊治理公众参与。充分挖掘河湖水文化，与城乡文明建设紧密结合，凸显本土化、个性化，将美丽湖泊建成传承地方民俗风情的新节点、彰显地方历史文化的新载体。

纯净湖泊

针对湖泊污染问题，坚持以习近平生态文明思想为指导，根据水功能区、水环境功能区确定的河湖水质和生态保护目标，因地制宜开展湖泊生态保护与修复、沿岸"污水零直排区"建设和入河湖排放口污染控制等。严守湖泊水体质量底线，严格控制入湖污染物总量，倒逼岸上各类污染源治理和产业转型升级。

在水污染严重的河湖，开展各类污染源治理，包括城镇污染治理、农业农村污染综合治理、畜禽养殖污染治理、湖泊河流生态环境保护修复与综合治理、饮用水水源地水质安全保障等，把污染严重的重点湖泊水质提升到较高水平，使水质较好的湖泊的生态环境稳定持续改善。实现重点湖泊水资源、水环境承载能力与区域经济社会发展相协调，使水环境污染情况得到全面遏制，水环境质量得到全面改善。此外，科学把握湖泊生态环境保护与资源开发的关系，持续优化湖泊生态环境保护的管理体制和工作机制，努力让湖泊清澈美丽、造福人民。

和谐湖泊

基于山水林田湖草沙冰各要素相互作用规律，对湖泊流域进行综合规划与管理，一张蓝图绘到底。严格控制水资源开发利用上线，切实落实水资源消耗总量和强度"双控"制度，坚持节水优先，实行以供定需，给河湖留下生态用水。划定河湖生态保护红线，严格控制河湖水域空间管控要求，给自然留下休养生息的空间。积极推进退田还湖、退养还滩、退耕还湿，归还被挤占的河湖生态空间，严格控制各类开发和破坏行为，逐步减少"人水争地"的现象，构建健康的河湖生态系统，还湖泊以宁静、和谐、美丽。坚持管水护水、控污截污、美水美岸，统筹抓好水环境、水生态、水资源、水安全和水文化各项工作，做好"治山理水、显山露水"文章，实现因水而生、因水而美、因水而兴。

坚持"绿水青山就是金山银山"的发展理念，牢固树立尊重自然、顺应自然、保护自然的生态文明理念，注重河湖生态修复与管理保护，还生态空间于河湖，完善河湖水域岸线用途管制制度，基本保障现有湿地面积不萎缩，河湖生态空间得到全面保护和有效恢复，全面构建自然连通的河湖水网格局，高质量推进河湖全流域综合治理，营造人与自然和谐共生的河湖环境。

重放神州明珠的
璀璨光芒

近年来，随着污染治理的加强、山水林田湖草沙冰系统保护与治理工程的推进，以及"水十条"措施的落实，我国湖泊生态环境得到有效改善。展望未来，在建设健康湖泊、美丽湖泊、纯净湖泊、和谐湖泊的过程中，湖泊生态空间将得到科学管控，湖泊污染将得到有效控制，湖泊生态水位和生态需水将得到良好保证，湖泊管理数字化水平将得到大幅提升，湖泊湿地将得到系统保护与管理，湖泊生态文明建设将得到有序推进，使人—湖关系、人—水关系得到有效改善，实现人与自然的和谐共生。

科学管控湖泊生态空间

河道和湖泊是水资源的载体，是行洪的通道和调蓄洪水的场所，是生态的屏障。湖泊功能利用与保护，需以湖泊不萎缩、功能不衰退、水质不污染、生态不恶化为硬任务和硬目标，从湖泊连通修复、岸线修复、受损湿地修复、重要栖息地修复等方面提出修复补救措施。基于全国五大湖区现状生态空间结构分布情况和主要问题，明确水生态空间范围，确立水生态空间用途分区，统筹国土空间规划"三区三线"划定成果，严格限制行蓄洪空间内城镇空间划定，确保流域水系行蓄洪能力满足防洪需要，充分考虑地域之间经济社会发展水平等方面的差异，把握不同类型湖泊治理的特点和要求，明确不同地域与类型湖泊的治理工作推进思路，提出分级分类管控指标及管控措施，强化湖泊水生态空间管控。

有效控制湖泊污染问题

我国不同地区的湖泊均面临着不同程度的富营养化问题，尤其是东部平原湖区和云贵高原湖区，问题最为突出。需协调好经济发展与湖泊保护的关系，规范开发秩序，优化产业结构，强化污染物减排，从源头控制污染物排放总量和入湖污染负荷；保护和恢复建设田间沟渠、河道漫滩与河口湿地，增强流域水污染净化能力，减少入湖污染物通量；适度开展底泥清淤、湖滨带水生植物收割、水草和蓝藻打捞，最大限度减少养殖饵料投放，有效减轻湖泊内源污染。科学系统推进水污染治理、水资源调配、水生态修复等各项工作，调整发展思路，分类开展农业空间划定，妥善衔接生态空间划定，处理好工农业发展与湖泊保护的关系，推动环湖地区产业布局转型与结构优化升级，真正实现节能减排，控源截污，消除风险隐患，提高和持续提高湖泊的自净能力。

持续保障湖泊生态需水

湖泊生态需水主要包括湖泊蒸散发和渗漏量以及湖滨带植被的生态补水量等，是确保在最低到最优生态的目标下实现湖泊生态修复的必要条件。根据维持湖泊基本形态、重要湿地、重要水生生境、生物多样性保护等保护目标要求以及维护湖泊生态健康的要求，结合湖泊生态环境现状、存在的主要问题、社会经济状况及发展趋势，科学确定湖泊生态水位和生态需水；依据湖泊生态环境状况和承载能力，合理划定环湖岸带生态保护区和缓冲区范围，规范环湖生态保护和缓冲区开发方向和强度，使不同类型湖泊在提供其资源功能满足人类生产生活需求的同时，能维持自身生态系统的良性循环，保障可持续利用。

高效提升湖泊管理水平

充分利用信息化的手段，加强智慧湖泊水网建设。在现状条件下，当务之急需要解决信息化建设中存在的信息孤岛、信息混乱、业务协同等问题，充分整合、利用、挖掘、发挥已有和分散的各类人力、软硬件设备、信息、环境等资源的潜力，优化网络结构，采用利旧和新建相结合的原则，通过物联网技术将监测设备、仪器仪表、传感器、门禁、电子围栏等进行平台化采集接入，根据实际需要适当扩容，兼容不同厂家的设备，支持第三方数据接入，比如，水文数据、水质数据、管网数据等，智慧感知、按需入网、互联互通。应结合人工智能、大数据分析、仿真模拟、数字孪生等新一代信息技术，进一步完善在线自动监测，针对加密站网稀疏区、感知薄弱区、重要水系节点等区域，加强湖泊水量（位）、水质、水生态、水边岸等监测站点布控，运用卫星遥感、无人机、视频监控等技术手段对湖泊湿地进行动态监控，对湖泊及水域岸线变化情况进行动态监管，打造"以图管河""闭环管理"

的创新管控模式，提升湖泊管理的数字化、智慧化水平，将风险隐患化解在成灾之前。

系统管理湖泊湿地资源

根据我国分区湖泊湿地的分布特点、岸线形态、水质水量水生态现状，识别各湖泊湿地主要生态保护对象及关键生态问题。以流域为单元，遵循自然规律、经济规律和社会规律。在对湖泊生态系统的组成、结构、过程和功能等加以充分理解的基础上，制定适宜的管理策略。以维护湖泊生态系统健康和可持续利用为目标，坚持预防保护，综合治理，注重源头控制、流域统筹、因湖制宜、团结协作相结合，逐步实现湖泊流域生态系统的综合管理。以造成湖泊污染的主要问题为导向，通过关键技术攻关，科学制订"一湖一策"，系统治理湖泊湿地水域岸线和水资源、水环境、水生态问题，通过入湖河流断面水质改善、污水处理厂提标改造等途径，实施湖泊湿地生态保护与修复。根据不同湖区实际条件扩大湿地面积，采用"生态银行"模式，完善湿地生态效益补偿制度。按照"全域谋划、因地制宜、分类指导、循序渐进"的方式，利用协调机制解决"节点性矛盾"，在共抓保护修复的同时，统筹推进湖泊湿地系统的治理与管理。

有序推进湖泊生态文明

湖泊生态文明，人水和谐是核心，需要统筹水的保护与开发，在保护中开发，在开发中保护，实现湖泊资源可持续利用。以提升水生态系统质量和稳定性为核心，坚持保护优先、自然恢复为主，坚持山水林田湖草沙冰系统治理，以流域为单元，以河长制为平台，严格控制湖泊水域生态保护红线、水资源开发上线和水环境质量底线，给湖泊留下休养生息的时间和空间。把水资源、水生态、水环境承载能力作为湖泊生态文明建设的刚性约束，倒逼产业结构升级、经济发展方式转变，既有绿水青山，也有金山银山，实现人与自然和谐共生的湖泊资源可持续利用和湖泊岸区高质量发展。

（执笔人：郑博福）

白蓉.山西运城盐池神话及社会记忆研究[D].太原:山西师范大学,2019.

白文蓉,余迪,刘彩红,等.气候变暖背景下青海湖水位及面积变化趋势及成因分析[J].青海科技,2019,26(3):7.

白宇.衡水湖湿地自然保护区生态补偿机制研究[D].石家庄:河北科技大学,2011.

边千韬,刘嘉麒,罗小全,等.青海湖的地质构造背景及形成演化[J].地震地质,2000,22(1):20-26.

车星锦,李华,肖剑平,等.云南泸沽湖省级自然保护区鸟类多样性[J].西南林业大学学报(自然科学),2019.39(4):116-124.

陈同滨.西湖:中国山水美学的景观审美典范[J].世界遗产,2011,(3):24-29.

陈佳林.海河流域五湖浮游植物的群落特征及生物多样性分析[D].天津:天津农学院.2020.

陈文锦.西湖定义:最能体现中国传统文化核心价值的审美实体[J].风景名胜,2009,(1):42-43.

陈毅峰,何德奎,曹文宣,等.色林错裸鲤的生长[J].动物学报(英文版),2002,(5):667-676.

陈永祥,陈群利,冯图,贵州草海国家级自然保护区综合科学考察报告[M].北京:中国林业出版社,2021.

程凤鸣.南四湖水环境污染特征及其重金属离子去除机理研究[D].济南:山东大学,2010.

程晓丽.改进的内梅罗指数法在衡水湖流域水质评价中的应用[J].南方农机,2022,53(6):172-174.

窦鸿身,姜加虎.中国五大淡水湖[M].合肥:中国科学技术大学出版社,2003.

段号然,段永红,尚庆彬.山东微山湖近30年湖面面积时空变化及驱动机制[J].海洋湖沼通报,2020,(4):78-86.

段茂庆,许维,苑飞燕,等.白洋淀近5年水生态环境质量变化趋势与

营养状态分析 [J]. 环境化学, 2022, 41(6): 1-13.

方精云, 赵淑清, 唐志尧. 长江中游湿地生物多样性保护的生态学基础 [M]. 北京: 高等教育出版社, 2006.

方克逸, 昂开和, 邱先权. 巢湖 [M]. 合肥: 安徽科学技术出版社. 2000.

方春林, 陈文静, 周辉明, 等. 鄱阳湖鱼类资源及其利用建议 [J]. 江苏农业科学, 2016, 44(9): 233-243.

冯嘉苹, 程连生. 中国地理 [M]. 北京: 北京师范大学出版社, 1988.

关博, 王智慧. 非物质文化的再生产: 蒙古族渔猎文化的传承与反思——以查干湖冬捕渔猎祭祀文化为例 [J]. 体育与科学, 2019, 40(3): 61-66+73.

关蕾, 靖磊, 雷佳琳, 等. 洞庭湖鸟类资源分布及其栖息地质量评估 [J]. 北京林业大学学报, 2016, 38(7): 64-70.

郭玲. 衡水湖入湖水量变化对湿地的影响 [D]. 石家庄: 河北师范大学, 2013.

郭子良, 张余广, 刘魏魏, 等. 河北衡水湖国家级自然保护区水鸟群落特征及其季节性变化 [J]. 生态学杂志, 2022, 41(4): 732-740.

官兆宁, 苏朔, 杜博, 等. 扎龙湿地丹顶鹤繁殖栖息地的选择及扩散 [J]. 自然资源学报, 2021, 36(8): 1964-1975.

河海大学《水利大辞典》编辑修订委员会. 水利大辞典 [M]. 上海: 上海辞书出版社, 2015.

河北省地方志纂委员会. 河北省志(第三卷自然地理志)[M]. 石家庄: 河北科学技术出版社, 1993.

华春. 青少年应该知道的湖泊 [M]. 北京: 团结出版社, 2012. 1.

胡春元. 试论吉兰泰盐湖的发育与资源保护问题 [J]. 内蒙古林学院学报, 1998, 20 (2): 54-60.

黄朔, 陈远超, 李丹洁, 等. 泸沽湖浮游生物多样性及垂直变化规律研究 [J]. 南方水产科学, 2002, 18(1): 22-32.

霍堂斌, 张新厚, 窦华山, 等. 呼伦湖水系鱼类群落结构和物种多样性 [J]. 湿地科学, 2022, 20(1): 76-85.

贾丽. 洪湖湿地自然生态补偿研究 [D]. 武汉: 华中师范大学, 2013.

姜霞, 王坤, 郑朔方, 等. 山水林田湖草生态保护修复的系统思想: 践行"绿水青山就是金山银山" [J]. 环境工程技术学报, 2019, 9(5): 475-481.

孔凡翠, 杨英魁, 马玉军, 等. 大柴旦盐湖中镭同位素分布特征来源及示踪意义 [J]. 湖泊科学, 2021, 33(2): 632-646.

拉毛卓玛. 青海湖祭海仪式的文化阐释 [J]. 青海师范大学学报: 哲学社会科学版, 2013, 35(5): 67-70.

厉恩华, 杨超, 蔡晓斌, 等. 洪湖湿地植物多样性与保护对策 [J]. 长江流域资源与环境, 2021, 30(03): 623-635.

李明慧, 康世昌, 朱立平, 等. 青藏高原扎布耶盐湖晚全新世气候环境演化 [J]. 干旱区地理. 2008, 31(3): 333-340.

李然然. 查干湖湿地水环境演变及生态风险评估 [D]. 北京: 中国科学院大学, 2014.

李琴, 金斌松, 陈家宽. 鄱阳湖流域的基本特征、面临威胁以及政府的保护行动 [J]. 鄱阳湖学刊, 2012(2): 51-55.

李晓东, 闫守刚, 宋开山. 遥感监测东北地区典型湖泊湿地变化的方法研究 [J]. 遥感技术与应用, 2021, 36(4): 728-741.

李家楼. 大柴旦盐湖硼、锂分布规律 [J]. 盐湖研究, 1994, 2(2): 6-17.

李乐欣. 如梦如幻的茶卡盐湖 [J]. 中国环境监察, 2021(6): 128-130.

李晓铃, 李爱农, 刘国祥, 等. 云贵高原区湖泊空间分布格局 [J]. 长江流域资源与环境, 2010, 19(S1): 90-96.

梁佳欣. 近30年南四湖湿地景观时空变异特征研究 [D]. 泰安: 山东农业大学, 2018.

刘丽梅. 博斯腾湖水文特征及湖区水平衡分析 [D]. 成都: 四川师范大学, 2012.

刘园园. 白洋淀湿地生态系统的演变分析及健康评价 [D]. 保定: 河北农业大学. 2019.

吕晶. 青藏高原盐湖资源状况 [J]. 化工矿物与加工, 2003, 32(3): 40.

马荣华, 杨桂山, 段洪涛, 等. 中国湖泊的数量、面积与空间分布 [J]. 中国科学: 地球科学, 2011, 41(3): 394-401.

马瑞俊. 青海湖鸟岛植被演替和动物分布特点 [J]. 环境与发展, 2012, 23(2): 22-25.

梅荣. 呼伦湖自然保护区湿地生态系统服务价值评估 [J]. 河北师范大学学报, 2022, 46(1): 103-108.

梅志刚, 郝玉江, 郑劲松, 等. 鄱阳湖长江江豚的现状和保护展望. 湖泊科学, 2021, 33(5): 1289-1298.

牧寒. 内蒙古湖泊 [M]. 呼和浩特: 内蒙古人民出版社, 2003.

内蒙古农牧业资源编委会. 内蒙古农牧业资源 [M]. 呼和浩特: 内蒙古人民出版社, 1965.

乜贞, 卜令忠, 郑绵平. 中国盐湖锂资源的产业化现状——以西台吉乃尔盐湖和扎布耶盐湖为例 [J]. 地球学报, 2010, 31(1): 95-101.

尚博譞, 肖春蕾, 赵丹, 等. 中国湖泊分布特征及典型流域生态保护修复建议 [J]. 中国地质调查, 2021, 8(6): 114-125.

孙翀, 王猛, 张建永, 等. 我国重要湖泊生态流量保障现状及问题分析 [J]. 水利规划与设计, 2021, (3): 4-7, 28.

佟霁坤. 近十年白洋淀水质特征及营养状态分析 [D]. 保定: 河北大学, 2020.

王长龙. 南四湖湿地植物群落调查及季节动态分析 [D]. 曲阜: 曲阜师

参考文献

范大学, 2014.

王洪道, 窦鸿身, 颜京松, 等. 中国湖泊资源 [M]. 北京: 科学出版社, 1989.

王化可, 王成. 巢湖水位动态调控模式研究 [M]. 治淮, 2018, (8): 8-10.

王娜. 中国五大湖区湖泊生态系统结构及水生生物演化比较研究 [D]. 南京: 南京大学, 2012.

王岐山. 巢湖鱼类区系研究 [J]. 安徽大学学报, 1987, (2): 70-78.

王苏民, 窦鸿身. 中国湖泊志 [M]. 北京: 科学出版社, 1998.

汪傲, 赵元艺, 许虹, 等. 青藏高原盐湖资源特点概述 [J]. 盐湖研究, 2016, 24(3): 24-29.

吴靖雪. 浅析华北地区鸟类栖息地营造策略——以白洋淀生态湿地为例 [J]. 2021, 资源环境, 41(1): 131-133.

吴其慧, 李畅游, 孙标, 等. 1986—2017年呼伦湖湖冰物候特征变化 [J]. 地理科学进展, 2019, 38(2): 1933-1943.

肖渊甫, 郑荣才, 邓江红. 岩石学简明教程 (第4版)[M]. 北京: 地质出版社, 2009.

徐高福, 何建平. 青山绿水金腰带林旅互进新格局——千岛湖国家森林公园 [J]. 浙江林业, 2022, (2): 36-37.

杨文荣, 郭焱, 蔡林钢, 等. 赛里木湖饵料生物及渔业现状的研究 [J]. 水产学杂志, 2000, 13(1): 1-10.

熊增华, 张建伟, 王石军. 察尔汗盐湖资源开发的生态环境保护对策 [J]. 中国矿业, 2021, 30(3): 113-117.

徐畅. 微山湖浮游生物群落时空变化特征及其驱动因子分析 [D]. 济南: 济南大学, 2020.

徐好. 南四湖水质时空分布及评价研究 [D]. 济南: 济南大学, 2019.

徐慧宇, 柳佳, 李龙坤. 微山湖水体富营养化遥感动态监测 [J]. 智能建筑与智慧城市, 2021, (7): 36-37.

胥刚. 黄土高原农业结构变迁与农业系统战略构想 [D]. 兰州: 兰州大学, 2015.

杨富亿, 吕宪国, 娄彦景, 等. 黑龙江兴凯湖国家级自然保护区的鱼类资源 [J]. 动物学杂志, 2012, 47(6): 44-53.

杨桂山, 马荣华, 张路, 等. 中国湖泊现状及面临的重大问题与保护策略 [J]. 湖泊科学, 2010, 22(6): 799-810.

杨岚, 李恒. 云南湿地 [M]. 北京: 中国林业出版社, 2010.

杨伟, 陈世文, 朱浩, 等. 洞庭湖区杨树的种植历史与科学发展 [J]. 湖北农业科学, 2021, 60(S2): 339-342.

严登明, 李蒙, 翁白莎, 等. 卧龙湖水量平衡分析 [J]. 南水北调与水利科技, 2019, 17(3): 16-22.

闫伟伟. 基于GIS的洪湖湿地水生植物分布结构的研究 [D]. 武汉: 华中师范大学, 2013.

姚玉光, 等. 内蒙古农业资源及利用 [M]. 呼和浩特: 内蒙古人民出版社, 1983.

易桂花, 张廷斌. 色林错流域 [J]. 全球变化数据学报 (中英文), 2017, 1(2): 242+261.

于洋, 张民, 钱善勤, 等. 云贵高原湖泊水质现状及演变 [J]. 湖泊科学, 2010, 22(6): 820-828.

曾庆慧, 胡鹏, 赵翠平, 等. 多水源补给对白洋淀湿地水动力的影响 [J]. 生态学报, 2020, 40(20) : 7153-7164.

张海燕, 博斯腾湖湖滨湿地植物群落多样性分布特征研究 [D]. 乌鲁木齐: 新疆师范大学, 2015.

张彭熹. 沉默的宝藏——盐湖资源 [M]. 北京: 清华大学出版社, 广州: 暨南大学出版社, 2000.

张雯, 黄民生, 张廷辉, 等. 太湖湖滨带生态系统健康评价及其修复模式探讨 [J]. 水生态学杂志, 2020, 41(4): 48-54.

张信, 陈大庆, 严莉, 等. 青海湖裸鲤资源保护面临的问题与对策 [J]. 淡水渔业, 2005, 35(4): 57-60.

张宗祜. 九曲黄河万里沙——黄河与黄土高原 [M]. 广州: 暨南大学出版社, 北京: 清华大学出版社, 2000.

赵晓晨. 运城盐池形成之谜 [J]. 科学之友, 2020(7): 45.

赵晓东, 彭杨. 近30年白洋淀湿地景观的时空变化特征 [J]. 湿地科学与管理, 2021, 17(2): 5-8.

郑绵平. 论中国盐湖 [J]. 矿床地质, 2001, 20(2): 181-189.

郑绵平, 孔凡晶, 刘喜方. 盐湖雪域高原上的璀璨明珠 [J]. 国土资源科普与文化, 2014, (1): 18-21.

郑喜玉, 董继和, 等. 内蒙古盐湖 [M]. 北京: 科学出版社. 1992.

中国科学院黄土高原综合科学考察队. 黄土高原地区资源环境社会经济数据集 [M]. 北京: 中国经济出版社, 1992.

中国科学院南京地理与湖泊研究所. 中国湖泊调查报告 [M]. 北京: 科学出版社, 2019.

参考文献

Abstract

Lakes are bright pearls and sapphires on the earth, also like the flawless emerald lusters and more like magical mirrors of the sky reflecting the beautiful blue sky and white clouds, green mountains, and trees···

Lakes are loved by many people, not only because of their quiet, tranquil, beautiful and magical temperament, but also because they are the home of rich biological communities, which maintains a stable biological cycle and energy flow with the lake water bodies to constitute a quiet and beautiful lake ecosystem, playing an extremely important role in the harmonious coexistence of human and nature in harmony.

Together with marshes, rivers and coastal wetland, lake wetlands constitute natural wetland systems that protect the earth's biodiversity, regulate water flow, improve water quality, control microclimate, and provide humans with food and industrial raw materials and offer tourism resources, *etc*.

As an important bank of water resources, flood storage and species genes, lakes are closely related to human's production, life and social development, and play an irreplaceable role in maintaining the ecological balance of watersheds, meeting water demand for production and living, reducing floods and providing abundant aquatic products.

For this reason, we have compiled this popular science book to introduce you systematically the main origins of lakes, the names, classification and distribution of lakes in China, and to bring you closer to the major lakes in China with their uniqueness through popular words and beautiful pictures.

Maybe you have heard of the Five Great Lakes in the United States, but do you know about the Five Great Lake Regions in China? How many lakes do you know in China? Where do the majority of the lakes in China make their homes? Distribution of China's lakes is very uneven. About 99.98% of the lakes with an area larger than 10km^2 are located in the Eastern Plains, the Qinghai-Tibet Plateau, the Northeast Plains and Mountains, the Mengxin Region and the Yunnan-Guizhou Plateau, which are the Five Great Lake Regions in China. Among the five major areas, the lakes in the Eastern Plain and the Qinghai-Tibet Plateau are the most numerous, accounting for 81.6% of the country's lakes area, forming two dense lake-groups opposite to each other in the east and west of China.

Here is the largest freshwater lake in China, the Poyang Lake, which is also the second largest lake in China. Located in the north of Jiangxi Province, the Poyang Lake is one of the main tributaries in the middle and lower reaches of the Yangtze River, and also an overwater, throughput and seasonally important lake in Yangtze River Basin. "The setting sun and the lonely bird fly together, the autumn water shares the same color of the long sky". This ancient poem vividly depicts the beautiful scenery of the migratory bird rest in the Poyang Lake. The Poyang Lake is famous for its "greatness", attractive for its "novelty ", mysterious for its "changes", and memorable for its "history and culture". No wonder the Jiangxi Poyang Lake National Nature Reserve is one of the first wetlands in China to be included in the *List of Internationally Important Wetlands*.

In this book, we shall also present the largest saltwater lake in China, the Qinghai Lake, which is also the largest inland lake in China. The Qinghai Lake is also a natural barrier to control the spread of desertification from the west to the east, and has an important and profound impact on the regional climate and ecological environment of the surrounding areas. It is also the intersection of two migratory bird migration routes in Central Asia and East Asia, and one of the most abundant and concentrated breeding sites for migratory birds in China. The Qinghai Lake National Nature Reserve is also one of the first wetlands in China to be included in the list of internationally important wetlands.

In addition, is the book also introduces the Riyuetan Pool, which is located in the north of Alishan, Taiwan Province of China and surrounded by the mountains. The Riyuetan Pool is the largest lake on the China's beloved Taiwan Island and one of the freshwater lakes with the most exotic species in Taiwan, China.

The Zalong Lake Wetland is included here, too. The Zalong Lake Wetland is the home of the red-crowned cranes and one of the first wetlands in China to be included in the *List of Internationally Important Wetlands*, located in the Qiqihar City in the west of the Heilongjiang Province. The Zalong National Nature Reserve is a rare waterfowl distribution area in China, mainly for large waterfowl such as cranes, and is the largest breeding site for the red-crowned cranes in the world.

In addition to these, there are many mysterious and interesting lakes in China, such as the Jingpo Lake, the Tianchi Lake in Changbai Mountain, which are formed by a volcanic eruption in the northeastern mountain of China. There are also groups of salt lakes on the Mongolian Plateau, and groups of lakes in the arid zone of Xinjiang. And there are also groups of lakes with the highest altitude on the snowy plateau; groups of beautiful lakes on the Yunnan-Guizhou Plateau, *etc*. Other famous lakes, such as the Taihu Lake, the Qiandao Lake, the Hulun Lake, the Wuliangsu Lake, the Aibi Lake, the Bosten Lake, the Namtso Lake, the Chaerhan Salt Lake, the Chaka Salt Lake, the Dianchi Lake, the Erhai Lake, the Fuxian Lake, the Lugu Lake, and the Jiuzhaigou Valley are all presented in the book.

So let us get to know "dazzling pearls" on the ground of China and encounter the mysterious lake wetlands in China.